网络综合布线设计

WANGLUO ZONGHE BUXIAN SHEJI JI SHIGONG JISHU TANJIU

及施工技术探究

郭红涛 著

中国水利水电出版社
www.waterpub.com.cn

内 容 提 要

　　本书以国家最新颁布的综合布线相关标准为依据,形象生动地论述了网络综合布线行业的工程设计和施工过程,包括综合布线系统的组成、设计标准,常用的综合布线系统产品以及综合布线系统的设计、工程测试与验收,网络系统集成工程项目管理等。本书从实际出发,以实际应用为目的,力求内容新颖、概念清楚、技术实用、通俗易懂。

　　本书可作为学习计算机网络综合布线知识的自学参考用书,也可供从事相关专业的工程技术人员与研究人员以及爱好者阅读。

图书在版编目(CIP)数据

网络综合布线设计及施工技术探究/郭红涛著.--
北京:中国水利水电出版社,2015.7(2022.9重印)
ISBN 978-7-5170-3437-7

Ⅰ.①网… Ⅱ.①郭… Ⅲ.①计算机网络－布线－研
究 Ⅳ.①TP393.03

中国版本图书馆 CIP 数据核字(2015)第 172246 号

策划编辑:杨庆川　责任编辑:陈　洁　封面设计:马静静

书　　名	网络综合布线设计及施工技术探究
作　　者	郭红涛　著
出版发行	中国水利水电出版社
	(北京市海淀区玉渊潭南路 1 号 D 座 100038)
	网址:www.waterpub.com.cn
	E-mail:mchannel@263.net(万水)
	sales@mwr.gov.cn
	电话:(010)68545888(营销中心)、82562819(万水)
经　　售	北京科水图书销售有限公司
	电话:(010)63202643、68545874
	全国各地新华书店和相关出版物销售网点
排　　版	北京厚诚则铭印刷科技有限公司
印　　刷	天津光之彩印刷有限公司
规　　格	170mm×240mm　16 开本　15.5 印张　201 千字
版　　次	2015年11月第1版　2022年9月第2次印刷
印　　数	2001-3001册
定　　价	46.50 元

前　　言

通信技术、网络技术的飞速发展，已经将人类带入了信息化时代。综合布线系统作为构建通信网络的基础平台，在网络通信系统中具有很长的生命周期，其重要性越来越被人们所认识。

综合布线系统又称结构化布线系统，是一套新型的、多学科、多边缘的布线技术，主要为了解决建筑物内部和建筑物之间的信号快速传递问题，如计算机信号、电话信号、音响信号、监控图像、自动化设备控制信号等的传送。

综合布线系统将计算机技术、通信技术、信息技术和办公环境集成在一起，实现信息和资源共享，提供迅捷的通信和完善的安全保障。综合布线由不同系列和规格的部件组成，其中包括传输介质、相关连接硬件（如配线架、连接器、插座、插头、适配器）以及电气保护设备等。新型的综合布线系统将上述应用中的绝大部分内容融合在一起，采用标准的高速线材，统一设计，统一布线施工，统一管理，给使用和维护带来了极大的方便。

综合布线系统的质量对提高网络通信性能起着举足轻重的作用。如何规划和设计综合布线系统、怎样与计算机网络技术相结合、选择什么样的产品、如何正确地进行布线和网络测试，都是十分重要的问题。

近年来，综合布线系统越来越受到人们的重视，发展速度也非常惊人。为了满足技术人员的迫切需求，作者认真组织撰写了本书。全书共分7章，以国家最新颁布的综合布线相关标准为依据，系统全面地介绍了网络综合布线工程项目方案设计、施工管理、测试验收等典型工作任务，反映了综合布线领域的最新介绍和成果。

由于作者水平有限,时间仓促,加之综合布线技术的发展日新月异,书中疏漏与不妥之处在所难免,恳请读者提出宝贵意见。

作　者

2015 年 5 月

目　　录

前言

第1章　绪论 ……………………………………………… 1
　1.1　综合布线系统概述 ………………………………… 1
　1.2　综合布线系统的标准 ……………………………… 5
　1.3　综合布线系统的构成 ……………………………… 22
　1.4　综合布线系统的设计要点 ………………………… 28
　1.5　综合布线系统的应用和发展 ……………………… 30
　参考文献 ………………………………………………… 34

第2章　网络综合布线系统工程设计 …………………… 36
　2.1　网络综合布线系统的设计原则 …………………… 36
　2.2　网络综合布线系统的设计标准 …………………… 38
　2.3　网络综合布线系统的设计等级 …………………… 39
　2.4　网络综合布线系统的设计流程 …………………… 40
　2.5　工程图纸绘制 ……………………………………… 44
　参考文献 ………………………………………………… 58

第3章　网络综合布线系统工程设计方案 ……………… 60
　3.1　建筑群子系统的设计方案 ………………………… 60
　3.2　设备间子系统的设计方案 ………………………… 62
　3.3　干线子系统的设计方案 …………………………… 73
　3.4　水平布线子系统的设计方案 ……………………… 79
　3.5　管理子系统的设计方案 …………………………… 95
　3.6　综合布线系统的管理标记方案 …………………… 97
　3.7　综合布线系统的管槽设计方案 …………………… 101
　参考文献 ………………………………………………… 109

第4章　网络综合布线工程施工 ………………………… 111
　4.1　网络综合布线施工要点 …………………………… 111

　4.2　布线施工常用工具 ··· 114

　4.3　楼层水平布线的施工 ··· 118

　4.4　楼层干线与设备间的布线施工 ································· 119

　4.5　建筑群干线光缆的布线施工 ··································· 124

　4.6　综合布线系统的管理与标识 ··································· 149

　4.7　电缆敷设技术 ··· 149

　参考文献 ··· 162

第5章　网络综合布线系统的工程监理 ······················· 164

　5.1　监理的职责和服务范围 ··· 164

　5.2　监理机构 ··· 167

　5.3　监理的目标及作用 ·· 169

　5.4　监理阶段及工作内容 ··· 170

　5.5　监理大纲、监理规划和监理细则 ···························· 173

　5.6　监理总结 ··· 176

　5.7　监理方法 ··· 177

　5.8　监理实施过程 ··· 178

　参考文献 ··· 182

第6章　网络综合布线系统的测试与验收 ··················· 184

　6.1　综合布线系统测试概述 ··· 184

　6.2　网络布线性能指标要求 ··· 203

　6.3　网络布线测试工具 ·· 216

　6.4　验收依据和基本要求 ··· 218

　6.5　验收阶段和内容 ··· 219

　参考文献 ··· 223

第7章　网络系统集成工程项目管理 ·························· 224

　7.1　网络系统集成工程项目管理基础 ···························· 224

　7.2　网络系统集成工程全过程的项目管理 ······················ 233

　7.3　网络系统集成工程项目监理 ··································· 236

　7.4　工程验收与测试 ··· 238

　参考文献 ··· 240

第1章 绪 论

智能大厦的出现及其在世界各个地方的蓬勃兴起,使得传统的布线系统已经不能满足智能大厦所要求的便利、灵活、高效、共享、综合、经济、安全、自动、舒适等特征的需求,人们迫切需要开放的、系统化的综合布线方案。基于人们的这种迫切需求,美国AT&T公司贝尔实验室首先推出了结构化综合布线系统(Structured Cabling System,SCS),随后在城市建设及信息通信事业发展的带动下,现代化的商住楼、办公楼、综合楼及园区等各类民用建筑及工业建筑对信息的要求已成为城市建设的发展趋势。城市数字化建设,需要综合布线系统为之服务,它有着极其广阔的应用前景。

1.1 综合布线系统概述

综合布线是一种建筑物内或建筑物之间的数据传输通道,它具有模块化程度高、灵活性好的特点。在现在的智能化建筑建设过程中,综合布线工程是重要的、不可缺少的一个环节。也可以说,如果缺少了综合布线工程,智能大厦就不能称为"智能"了,因为它缺少了信息沟通的桥梁。

1.1.1 综合布线系统的概念

综合布线系统(Premises Distribution System,PDS)以一套由共用配件所组成的单一配线系统,将各个不同制造厂家的各类设备综合在一起,使各设备互相兼容、同时工作,实现综合通信网络、信息网络和控制网络间的信号互连、互通,并将应用系统的各种设备终端插头插入综合布线系统的标准插座内,再在设备间和电信间对通信链路进行相应的跳接来运行各应用系统。

综合布线系统将建筑物内各方面相同或类似的信息线缆、接续构件按一定的秩序和内部关系组合成整体,几乎可以为楼宇内部的所有弱电系统服务,这些子系统包括以下几类:电话(音频信号)、计算机网络(数据信号)、有线电视(视频信号)、保安监控(视频信号)、建筑物自动化(低速监控数据信号)、背景音乐(音频信号)、消防报警(低速监控数据信号)。

目前,综合布线系统一般是以通信自动化(Communication Automation,CA)为主的结构化布线系统。相信在不久的将来,在高速发展着的科学技术的带动下,综合布线的工程将会得到更大的发展空间,成为真正充分满足智能化建筑所需的综合应用系统。

1.1.2　综合布线系统的特点

综合布线系统是在传统布线系统的基础上发展起来的,因此它自诞生之日起就很好地解决了传统布线中存在的各种问题。总体来说,综合布线系统本身具有许多十分突出的优势,它的出现符合"信息时代"发展的要求,是未来布线发展的重要方向。

(1)兼容性

一个健全的网络系统网络往往存在各种业务,如语音、数据与图像及多媒体等,在综合布线实施过程中,就需要对这些业务(语音、数据与监控设备的信号线等)等进行统一的规划和设计,采用相同的传输介质、信息插座、交连设备、适配器等,把这些不同信号综合到一套标准的布线系统中。

不同于传统的布线方式,综合布线技术的应用大大简化布线的整体步骤,为工程施工节约了大量的物资、时间和空间,同时,在具体使用时,用户也不需要再单独定义某个工作区的信息插座的具体应用,只须把某种终端设备(如个人计算机、电话、视频设备等)插入这个信息插座即可得到相应的应用服务。

(2)开放性

建筑施工中若采用了传统的布线方式,一旦用户选定了某种设备,也就表示用户已经选定了与之相适应的布线方式和传输方式。当用户需要更换这一设备时,就意味着必须将原来的布线全部更换。这种大规模的变动对于一个已经完工的建筑物而言不仅需要增加额外投资,而且可行性并不高。

基于传统布线方式的这一缺点,综合布线系统依据国际上现行的标准,采用开放式体系结构,几乎可以使所有著名厂商的产品在综合布线系统中得到良好的运行。

(3)灵活性

综合布线在相当长的一段时间内还是要围绕有线传输介质来展开,这就意味着布线系统的体系结构是相对稳定的,一般的线路也是通用的,可以根据用户的具体需求,对移动设备的位置进行有限的以调动。随着无线局域网和移动通信技术的迅速发展,带给综合布线系统的将是进一步不受线缆约束的灵活性。

(4)可靠性

在综合布线系统中,高品质的材料和组合的方式共同构成了一套高标准的信息传输通道。所有线槽和相关连接件均通过ISO 认证,每条通道都要采用专用仪器测试,以保证其电气性能。应用系统布线全部采用点到点端接,任何一条链路故障均不影响其他链路的运行,这就为链路的运行维护及故障检修提供了方便,从而保障了应用系统的可靠运行。[1]

(5)先进性

综合布线系统采用光纤与双绞线电缆混合布线方式,构成一

---

① 王勇,刘晓辉.网络系统集成与工程设计[M].第 3 版.北京:科学出版社,2011.

套极为合理的完整的布线。在该布线方式中,所有布线均符合国标,采用 8 芯双绞线,带宽可达 16～600MHz。同时其适用于100Mbps 以太网、155Mbps ATM 网、千兆位以太网和万兆位以太网,并且能够完全适用未来的语音、数据、图像、多媒体对传输带宽的具有要求。

(6)经济性

对传统布线进行改造需要花费很长的时间,由此耽误工作带来的损失是无法用金钱来衡量的。而综合布线能够适应相当长时间需求,这是其经济性的主要表现。

(7)标准化

标准化要求作为基础设施的布线系统,除了要对各种相关技术的国际标准、国家标准、行业标准提供支持外,还要对未来相关技术的发展有一定适应能力。

(8)模块化

布线系统中除去固定于建筑物内的水平线缆外,其余所有的设备都应当是可任意更换插拔的标准组件,以方便使用、管理和扩充。

1.1.3 综合布线系统的需求

在不断发展的通信事业和网络技术带动下,结构化布线系统开始为大众所接受,并且在工程中得到了大量应用,这主要是因为它有优越的兼容性、开放性、可靠性、前瞻性和较好的经济性。

一般来说,综合布线系统应用的必然性基于 4 个因素:

(1)使用周期长

软件 18 个月,PC 机 2 年,主机 10 年,布线系统 16 年,建筑物50 年。可见,综合布线系统唯一能与建筑物有可比的寿命期。

(2)技术投资少

建筑物的经济性应从初始投资和性能价格比来衡量。这就要求所采用的设备一开始就具有很好的使用寿命,而且具有预期的技术寿命,以便在今后的若干年内不需增加投资,仍能保持建筑物的先进性。

(3)人员流动造成的影响

建筑物内人员和设备的增加、移动和改变是不可避免的,这些变动势必会对网络配置造成影响,若处理不好不但会对员工的工作效率产生影响,而且也会对公司企事业部门的实体运营产生不良的影响。采用综合布线系统可以使增加、移动和改变网络配置变得迅速而有效。

(4)网络故障损失

随着全球社会信息化与经济国际化的深入发展,信息网络系统变得越来越重要,它已经成为一个国家最重要的基础设施,是各国经济实力的重要标志。网络布线是信息网络系统的"神经系统"。不断增加的网络系统规模和越来越复杂的网络结构,对网络功能提出了越来越多的要求,致使网络管理维护的难度越来越大,网络一旦出现故障,其造成的影响也就越来越不容小觑。据资料统计,当前出现的众多网络故障中,其中有 70% 是出现在布线系统上的,由此,可认识到布线系统的重要性。

综上所述,网络布线系统是信息网络系统中重要的组成部分,因此,建造一个稳定可靠的布线系统是至关重要的。寻求一种更合理、更优化、弹性强、稳定性和扩展性好的布线技术是现实的需求,也是为了迎接未来对配线系统的挑战。基于这一背景,综合布线系统被推出并得到了广泛应用,从某种程度上解决今后相当一段时间内的所有布线问题。

1.2 综合布线系统的标准

布线工业标准是布线制造商和布线工程行业共同遵循的技术法规,规定了从网络布线产品制造到布线系统设计、安装施工、测试等一系列技术规范。随着电信与计算机网络技术的发展,许多新的布线系统和方案被开发出来。

1.2.1 综合布线系统标准化组织

由于标准对网络布线的设备选型和施工要求有极大地影响,同时是国内系统集成行业必须遵从的技术法规,因此了解一些制定标准的标准化组织及其相互关系,将对综合布线系统集成方案的确立和产品选型大有帮助。

(1)电子工业联合会(EIA)

EIA(Electronic Industriation Association)是一个由 7 个北美地区的电子工业分会或组织组成的联合会,包括 TIA、CEMA、ECA、EIG、GEIA、JEDEC、EIF,影响范围涉及美国、加拿大以及世界其他地区。

(2)通信工业协会(TIA)

TIA(Telecommunications Industry Association)主要是由美国和加拿大一些提供通信与信息技术产品、材料、系统,以及其销售业务和专业服务的公司组成的专业协会,也是世界最主要的综合布线标准化组织之一。影响范围涉及美国、加拿大以及世界大部分地区。

(3)电气与电子工程师(IEEE)

IEEE(Institute of Electrical and Electronics Engineers)802.3 工作组开发了以太网和千兆以太网,它对整个网络综合布线标准的影响是巨大的,影响范围涉及全世界。

(4)国际标准化组织(ISO)

ISO(International Standards Organization)是有 130 多个会员国的国家标准组织联盟,其责任是保证所有普遍性的标准得到所有成员国的一致认可,所负责的标准范围从制造和质量控制规程到电气与电信分布布线系统。倾向范围涉及全世界,但更侧重于欧洲的习惯。

（5）国际电工委员会（IEC）

IEC（International Electrotechnical Commission）是国际上所有电工领域国际标准的制定机构和标准认证机构，影响范围涉及全世界。

（6）欧洲电工标准委员会（CENELEC）

CENELEC 为欧洲市场、欧盟经济圈开发电工技术标准。CENELEC 有很多布线标准是 ISO 标准的翻版，改动非常少。影响范围涉及欧洲。

（7）加拿大标准协会（CSA）

CSA（Canadian Standards Association）是一个无政府、非盈利的，通过测试和认证为产品和服务制定标准的联合组织。在 TIA/EIA 内开发布线标准的过程中，该组织决定参与结构化布线标准进一步的开发工作，以保证将加拿大独特的要求包含在标准内。该标准协会只对加拿大产生影响。

（8）ATM 论坛（AF）

ATM 论坛是国际性的学术组织，是非盈利性的，主要为 ATM 网络产品和业务制定标准，并在全世界范围内产生影响。

1.2.2　国际布线标准方面

1. 国际布线标准

国际标准化组织（ISO）和国际电工委员会（IEC）颁布了 ISO/IEC 11801 国际标准，名为"普通建筑的基本布线"。尽管 ISO/IEC 11801 国际标准不是首先被颁布的，但它提供了一个全球统一基准和所有国家或地区在修改标准时应着重参考的标准，包括 ANSO/TIA/EIA 568-A 美国国家标准、CELENEC EN 50173 欧洲标准、CSA T529 加拿大标准和 AS/NZS 3080—1996 澳大利亚/新西兰标准。目前，该标准有 3 个版本：ISO/IEC 11801—1995、ISO/IEC 11801—2000、ISO/IEC 11801—2002。

ISO/IEC 11801 标准把信道(Channel)定义为包括跳线(除少数设备跳线外)在内的所有水平布线。此外,ISO 还定义了链路(Link),即从配线架到工作区信息插座的所有部件,而墙内的设备也应考虑在内。链路包括两个连接块之间的跳线,但不包括设备线缆。链路模式通常被定义为最低性能,4 种链路的性能级别被定义为 A、B、C 和 D,其中 D 级具有最高的性能,并且规定带宽要达到 100MHz。

ISO/IEC 11801—2000 把 D 级链路(5 类铜缆)系统按照超 5 类(Cat.5e)重新定义,以确保所有的 5 类系统均可运行吉比特以太网。更为重要的是,该版本还定义了 E 级链路(6 类)和 F 级链路(7 类),并考虑了布线系统的电磁兼容性(EMC)问题。

ISO/IEC 在 2001 年推出了第二版的 ISO/IEC 11801 规范,即 ISO/IEC 11801—2001。该修订稿对链路的定义进行了修正,ISO/IEC 认为以往的链路定义应被永久链路和路径的定义所取代。

ISO/IEC 11801—2002 是 2002 年 9 月正式公布的标准,该标准定义了六类、七类线缆的标准。美国通信工业协会 TIA 将六类、七类布线标准命名为 ANSI/TIA/EIA 56B.2-1-2002。这两个标准的绝大部分内容都是完全一致的,也就是说,两个标准越来越趋于一致。当然,ISO/IEC 11801:2002 Class E 与 ANSI/TIA/EIA 568-B.2-1 也有不同之处。例如,3dB 原则和 4dB 原则。3dB 原则适用于 TIA 和 ISO 的标准,是指当回波损耗小于 3dB 时,可以忽略回波损耗(Return Loss)值;4dB 原则只适用于 ISO 11802 标准的修订版,当回波损耗小于 4dB 时,可以忽略近端串音(NEXT)值。

在以后的几次补充和勘误中,ISO/IEC 11801-A 集合了以前版本的修正并加入了对 E 级和 F 级布线电缆和连接硬件的规范。同时,该规范也定义了带宽多模光纤(OM3 和 OM4)的标准化问题,这类系统将在 300m 距离内支持 10Gbit/s 数据传输。

提示:ISO/IEC11801 是根据 ANSI/TIA/EIA 568 制定的,

尽管名称不同,但它们基本是相通的。很多用户在参考这两大综合布线标准时,对其各自的术语表述和关系比较迷惑,现对两个标准的主要内容进行比较(见表 1-1),以供参考。

表 1-1 标准对照与比较

项目名称	ANSI/TIA/EIA-568-C(Commercial Building Telecommunications Cabling Standard,商业建筑通信布线标准)	ISO/IEC 11801 (Information Technology-Generic Cabling for Customer Premise,信息技术-用户房屋的综合布线)
术语	MC(Main Cross-connect,主交接间)	CD(Campus Distributor,楼群配线架)
	IC(Intermediate Cross-connect,中间交接间)	BD(Building Distributor,大楼配线架)
	HC(Horizontal Cross-connect,水平交叉连接)	FD(Floor Distributor,楼层配线架)
	TO (Telecommunications Outlet/Connector,信息插座)	TO (Telecommunications Outlet,信息口)
	TP(Transition Point,接续点)	TP(Transition Point,接续点)
	CP(Consolidation Point,转接点)	参见 TP
布线性能级别	三类线定义到 16MHz	C 级定义到 16MHz
	四类线定义到 20MHz	未定义
	五类和超五类定义到 100MHz	D 级定义到 100MHz
	六类定义到 250MHz	E 级定义到 250MHz
	未定义	F 级定义到 600MHz

2. 美国布线标准

美国国家标准委员会（ANSI）是 ISO 的主要成员，在国际标准化方面扮演着重要的角色。ANSI 布线的美洲标准主要由 TIA/EIA 制定，包括 TIA/EIA 568-A、TIA/EIA 568-B、TIA/EIA 569-A、TIA/EIA 569-B、TIA/EIA 570-A、TIA/EIA 606-A 和 TIA/EIA 607-A。

（1）ANSI/TIA/EIA 568-A

ANSI/TIA/EIA 568-A 标准确定了一个可以支持多品种、多厂家的商业建筑的综合布线系统，并为商业服务的通信网络产品提供了设计方向。同时，该标准规定了 100ΩUTP（非屏蔽双绞线）、150ΩSTP（屏蔽双绞线）、50Ω 同轴线缆和 62.5/125μm 光纤的参数指标，列出了 3 类、4 类、5 类线的物理和电气参数指标，明确了布线的具体操作规范。此外，该标准还附加了 UTP 的信道（Channel）在较差情况下布线系统的电气性能参数，定义了语音与数据通信布线系统，适用于多个厂家和多种产品的应用环境。

该标准对布线距离有着严格的规定（水平布线＜90 米、建筑物主干＜500 米、园区主干＜1500 米），布线距离主要取决于实际工作区域，即建筑物楼层区域，基于实际应用所限定的距离。该标准之后，又有 5 个增编：

①增编 1（A1）：100Ω4 对电缆的传输延迟和延迟偏移规范。在 100VGALAN 网络应用出现后，由于是在 3 类双绞线布线中使用所有 4 个线对实现 100Mbit/s 传输，所以对传输延迟和延迟偏移参数提出了要求。

②增编 2（A2）：ANSI/TIA/EIA 568-A 标准的修正与增编。该增编对 568-A 进行了修正，增加了在水平布线采用 62.5/125μm 光纤集中光纤布线的定义以及将 TSB-67 作为现场测试方法等项。

③增编 3（A3）：ANSI/TIA/EIA 568-A 标准的修正与增编。本增编修订了混合电缆的性能规范，要求所有非光纤类电缆间的

综合近端串音(Power Sum NEXT)要比每条电缆内线对间的近端串音(NEXT)好 3dB。

④增编 4(A4):非屏蔽双绞线布线模块化线缆的 NEXT 损耗测试方法。该增编所定义的测试方法并非由现场测试仪完成,而且只涉及 5 类电缆的 NEXT。

⑤增编 5(A5):100Ω4 对增强 5 类布线传输性能规范。TIA 对现有的 5 类指标加入了一些参数,以保证布线系统对这种双向传输的质量。

(2)ANSI/TIA/EIA 568-B

2002 年 6 月,合并和提炼于 ANSI/TIA/EIA 568-A、TIA/EIA TSB 67/72/75/95 以及 TIA/EIA/IS 729 等标准的 ANSI/TIA/EIA 568-B 标准正式发布。ANSI/TIA/EIA 568-B 标准包三大部分,即 B.1——总则、B.2 双绞线和 B.3——光缆,主要内容如下:

①ANSI/TIA/EIA 568-B.1:第 1 部分,一般要求,着重于水平和干线布线拓扑、距离、介质选择、工作区连接、开放办公布线和电信与设备室的定义,以及安装方法和现场测试等内容。

②ANSI/TIA/EIA 568-B.2:第 2 部分,平衡双绞线布线系统,着重于平衡双绞线电缆、跳线、连接硬件(包括 ScTP 和 150Ω 的 STPA 器件)的电气和机械性能规范,以及部件可靠性测试规范、现场测试仪性能规范和实验室与现场测试仪比对方法等内容。

ANSI/TIA/EIA 568-B.2.1:ANSI/TIA/EIA 568-B.2 的增编,是第 1 个关于六类布线系统的标准,主要针对 10GBase-T 的 100m 传输距离及 500MHz 带宽要求定义了超六类布线系统,包括连接器件、线缆、跳线技术性能标准以及现场测试的方法,确定了测试插头回波损耗、非平衡直流电阻等技术参数。

③ANSI/TIA/EIA 568-B.3:第 3 部分,光纤布线部件标准,定义了光纤布线系统的部件和传输性能指标,包括光缆、光跳线和连接硬件的电气与机械性能要求,以及器件可靠性测试规范和

现场测试性能规范。

与 ANSI/TIA/EIA 568-A 相比，ANSI/TIA/EIA 568-B 标准除结构上发生变化外，还增加了一些关键的新项目，即介质类型、接插线（设备线与跳线）、距离变化和安装规则。

在介质类型变化方面，水平电缆：

· 4 对 100Ω 三类 UTP 或 ScTP。

· 4 对 100Ω5e 类 UTP 或 ScTP。

· 4 对 100Ω 六类 UTP 或 ScTP。

· 2 条或多条 62.5/125μm 或 50/125μm 多模光纤。

主干电缆：

· 三类或更高的 100Ω 双绞线。

· 62.5/125μm 或 50/125μm 多模光纤。

· 单模光纤。

当然，不论是水平电缆还是主干电缆，都有以下要求：

· 不认可 4 对四类和五类电缆。

· 尽管 150Ω 屏蔽双绞线是认可的介质类型，但在安装新设备时并不建议使用。

· 混合与多股电缆是允许进行水平布线的，但在进行水平布线时必须保证每条电缆都符合相应等级要求，以及混合与多股电缆的特殊要求。

接插线、设备线与跳线的变化：

· 2 个 AWG(0.51mm)多股导线组成的 UTP 跳连接与设备线的额定衰减率为 20%；26AWG(0.4mm)导线的 SCTP 线缆的衰减率为 50%。[①]

· 多股线缆具有更大的柔韧性，可用于跳连接装置。

距离变化：

· 对于 UTP 跳连接与设备线，水平永久链路的两端最长可

① 孙阳.陈枭,刘天华.网络综合布线与施工技术[M].北京:人民邮电出版社,2011.

为 5m，以达到 100m 的总信道距离。

• 对于二级主干，中间跳接到水平跳接（IC 到 HC）的距离减为 300m；从主跳接到水平跳接（MC 到 HC）的主干总距离仍遵循 568-A 标准的规定。

• 中间跳接中与其他主干相连的设备线和跳连接由原来的"不应超过 20m"改为"不得超过 20m"。

安装规则变化：

• 4 对 SCTP 电缆在非重压条件下的弯曲半径规定为电缆直径的 8 倍。

• 2 芯或 4 芯光纤的弯曲半径在非重压条件下是 25mm；在拉伸过程中为 50mm。

• 电缆生产商应确定光纤主干的弯曲半径要求。如果无法从生产商那里获得弯曲半径信息，则建筑物内部电缆在非重压条件下的弯曲半径是电缆直径的 10 倍，在重压条件下是 15 倍。

• 2 芯或 4 芯光纤的牵拉力是 222N。

• 超五类双绞线开绞距离距端接点应保持在 13mm 以内，三类双绞线应保持在 75mm 以内。

（3）ANSI/TIA/EIA 568-C

2008 年 TIA（通信工业协会）正式发布了 ANSI/TIA/EIA 568-C 标准，用于取代 ANSI/TIA/EIA 568-B 标准。新的 TIA/EIA 568-C 标准主要分为 4 个部分。

①TIA/EIA 568-C.0：用户建筑物通信布线标准，是其他现行和待开发标准的基石，具有最广泛的通用性。其技术更新包括：

• 对布线所处的环境进行 MICE（机械、侵入、气候化学和电磁）分类，以区分一般和极端的工业环境，并采取不同措施。

• 屏蔽以及非屏蔽平衡双绞线缆最小安装弯曲半径统一调整为 4 倍于外径。

• 平衡双绞线跳线弯曲半径被改为 1 倍于线缆外径，以适应较大的线缆直径。

·对于 6A 布线系统,最大的线对开绞距离被增设为 13mm(与六类保持一致)。

·扩展六类(6A 等级)布线系统被增加确认为合格的媒介类型。

②TIA/EIA 568-C.1:商业楼宇电信布线标准,是对 568-B.1 的修订标准,并不是一个独立的文档,除了包括 568-C.0 通用标准部分外,所有适用于商业建筑环境的指导和要求都在 568-C.1 标准中的"例外"和"允许"部分作了说明。这使得该标准更聚焦于商业、办公类型的商业楼宇,而不是居民住宅等其他建筑环境。568-C.1 中的技术改进包括:

·认可了 TIA/EIA 568-B.2 附录中定义的六类、扩展六类(6A)平衡双绞线布线系统。

·认可了 850nm 激光优化万兆 50/125gm 多模光缆。

·原先 568-B.1 中常用的布线信息部分转到了 568-C.0 中。

·150Ω 的 STP 布线,五类布线,50Ω 和 75Ω 的同轴布线被取消。

③TIA/EIA 568-C.2:平衡双绞线电信布线和连接硬件标准。主要是为铜缆布线生产厂家提供具体的生产技术指标。所有有关铜缆的性能和测试要求都包括在这个标准文件中,其中的性能级别主要支持 3 类,即超五类、六类和扩展六类。

④TIA/EIA 568-C.3:光纤布线和连接硬件标准。

针对光缆连接硬件标准 568-B.3 作了修订,主要是为光缆布线生产厂家提供具体的生产技术指标。与 568-B.3 相比,发生的变化如下:

·国际布线标准 ISO 11801 的术语(OM1、OM2、OM3、OS1 和 OS2 等)被加进来,其中单模光缆又分为室内室外通用、室内、室外 3 种类型,这些光纤类型以补充表格的形式予以了认可。

·连接头的应力消除及锁定、适配器彩色编码相关要求得到了改进,用于识别光纤类型(彩色编码不是强制性的,颜色可用于其他用途)。

· OM11 级别,62.5/125μm 多模光缆、跳线的最小 OFL 带宽提升到 200/500MHz * km(原来的是 160/500)MHz * km。

· 附件 A 中有关连接头的测试参数与 IEC 61753-1 C 级规范文档相一致,这表示与 IEC 相适应的光纤连接头,如 Array Connectors 光纤阵列连接器,将适用于 568-C.3 标准。

(4) ANSI/TIA/EIA 569-A

ANSI/TIA/EIA 569-A 为商业建筑电信路径和空间标准,主要为所有与电信系统和部件相关的建筑设计提供规范和规则,规定了建筑基础设施的设计和尺寸,以及网络接口的物理规格,用于支持结构化布线,进而实现建筑群之间的连接。

该标准规定了设备室的设备布线。设备室是布线系统最主要的管理区域,所有楼层的资料都由电缆或光纤电缆传送至此。制定该标准的目的是使电信介质和设备的建筑物内部及建筑物之间的设计与施工标准化,尽可能地减少对厂商设备和介质的依赖性。

(5) ANSI/TIA/EIA 569-B

ANSI/TIA/EIA 569-B 规定了 6 种不同的从电信室到工作区的水平布线方法,分别是地下管道、活动地板、管道、电缆桥架和管道、天花板路径以及周围配线路径。

水平介质可以采用的类型包括非屏蔽双绞线、屏蔽双绞线和多模光缆。

ANSI/TIA/EIA 569-B 规定了 4 种不同的园区内多栋建筑物之间干线布线的敷设方法。

①地下主干路径,包括使用导管、电线管道和地沟。

②直接掩埋主干路径。对电缆直接掩埋,无需使用导管、挖管沟、规划或打孔。

③架空主干路径。将电缆架空在地面上,包括使用电杆、支撑电缆、将电缆与电力线分开、保护电缆以及将电缆接入建筑。

④坑道主干路径。坑道中的导线管、托架、电线管道的布线,以及支持胶合线的规范。

ANSI/TIA/EIA 569-B 给出了商业建筑内电信室的位置和尺寸。所有关于尺寸的建议都是基于建筑物内可使用面积的。具体建议如下：

①每层最少有一个电信室。

②当遇到如下情况时，建议增加电信室：

· 可使用地面面积超过 100m²。

· 连接工作区的水平配线电缆长度超过 90m。

③尽量将电信室的位置靠近建筑中心或建筑核心。

④如果每层有多个电信室，建议至少用一根 10cm 导管将其互连。

该标准基于隔间可使用的地面面积，给出了电信室的尺寸建议。电信室的实际尺寸基于表 1-2 定义的可使用空间。

表 1-2　电信室推荐尺寸

建筑物总面积（m²）	层压板区域	电信室内部尺寸
465	3m×99cm	推荐有专用房间
1000	3m×99cm	
2000	3m×107cm	必须有专用房间
4000	3m×173cm	
5000	3m×229cm	
6000	3m×244cm	
8000	3m×305cm	4m×2m
10000	3m×2 面墙	4m×2m
20000	3m×2 面墙	4m×3m
40000	3m×2 面墙	4m×4m
50000	3m×2 面墙	4m×5m
60000	3m×2 面墙	4m×6m
80000	3m×2 面墙	4m×7m
100000	3m×2 面墙	4m×9m

同时,ANSI/TIA/EIA 569-B 也给出了商业建筑内设备室的建议尺寸。设备室的尺寸与所容纳的计算机数量有关,如表 1-3 所示。

表 1-3　设备室面积

工作站数量	设备室面积(m²)
1～100	14
101～400	38
401～800	74
801～1200	111

(6) ANSI/TIA/EIA 570-A

TIA/EIA 570-A 称为住宅和半商业通信布线标准,建立一个布线介质的基本规范及标准,支持语音、数据、影像、视频、多媒体、家居自动系统、环境管理、保安、音频、电视、探头、警报和对讲机等服务。

等级系统的建立有助于选择适合每个家居单元不同服务的布线基础结构。

(7) ANSI/TIA/EIA 606-A

ANSI/TIA/EIA606-A,也称商业建筑物电信基础结构管理标准,用于对布线和硬件进行标识,目的是为与应用无关的结构化布线系统部件提供统一管理方案。

ANSI/TIA/EIA 606-A 标准基于以下 3 个管理概念:

①唯一标识符。为结构化布线系统的每个部件所支持的硬件分配一个唯一的标识符,根据此标识符可以确定该部件的记录。

②记录。记录含有与专用布线和基础设施部件有关的信息。

③链接。即标识符和记录之间的逻辑连接,也可以用链接连接两个记录。

该标准还确定了分配给结构化布线系统中每个子系统或设施的颜色编码。颜色编码可以简化结构化布线系统的管理。

该标准涉及布线文档的 4 个类别：Class1（用于单一电信间）、Class2（用于建筑物内的多个电信间）、Class3（用于校园内多个建筑物）、Class4（用于多个地理位置）；并确定了 5 个主要管理区域：电信间（Telecommunication Space）、电信路径（Telecommunication Pathway）、传输介质、终端硬件、焊接和接地。

（8）ANSI/TIA/EIA 607-A

为了了解安装电信系统时如何对建筑物内的电信接地系统进行规划、设计和安装，以支持多厂商多产品环境及可能安装在住宅的工作系统接地，因而制定了 TIA/EIA 607-A 标准。

标准文档中给出了用于结构化布线系统中接地和焊接的 3 种主要部件：

①电信主接地总线（Telecommunication Main Grounding Busbar，TMGB）是专用于电信设备、电缆布线和支撑结构的建筑物接地系统的扩充其功能就是连接接地系统和焊接系统。每栋建筑物中只能安装一条 TMGB，而每个电信室都必须安装电信接地总线（Telecommunication Grounding Busbar，TGB）。电信室中的电信接地总线都要通过电信接地棒（TBB）焊接到电信主接地总线（TMGB）上。

②电信接地总线（TGB）是电信室中唯一的接地端，电信室中的所有通信设备、电缆布线和电缆支撑结构都通过它接地。每个电信室都应该安装 TGB，每个 TGB 通过 TBB 连接到 TMGB 上。

③电信接地棒（Telecommunication Bonding Backbone，TBB）是用于连接电信主接地总线和电信接地总线之间的铜质导体。当两条或多条 TBB 垂直安装在建筑物主干路径上时，这些 TBB 必须被焊接在一起。电信接地棒互连导体（Telecommunication Bonding Backbone Interconnecting Bonding Conductor，TBBIBC）是 TBB 间的互连结合导体。

3. 欧洲布线标准

欧洲电器标准委员会(CELENEC 或 CEN/CELENE)是欧洲最主要的标准制定机构,主要宗旨是协调欧洲有关国家的标准机构所颁布的标准和消除贸易上的技术障碍。欧洲标准有 EN 50173、EN 55014、EN 50167、EN 50168、EN 50288－5－1 等。

EN 50173(信息技术—综合布线系统)的第 1 版是 1995 年发布的,至今经历了 1995、2000、2001 共 3 个版本。最新发布的标准定义了支持吉比特以太网和 ATM155 的 ELFEXT 和 PSELF-EXT,也制定了测试布线系统的规范。

EN 50174 是在 EN 50173 基础上产生的工程施工标准,它包括布线中平衡双绞线和光纤布线的定义,以及实现和实施等规范,通常作为布线商与用户签署合同的参考。

EN 50167、EN 50168 和 EN 50169 分别对水平布线、工作区布线和主干布线做了规范,其主要内容包括原材料和电缆结构、电缆特性、安装与测试要求等。

EN 50288 包括 EN 50288-5-1—2004 和 EN 50288-2～6-1/2 等多个版本,分别对各类线缆的适用环境以及安装做了规定,其中 EN 502//-5-1—2004 对六类布线做了规定。EN 50288-1/4-1～13 则对电缆的测试验收做出了说明。

1.2.3 我国布线标准

国内布线标准的制定相对比较落后,不能满足高性能网络布线的需要。因此,除了执行强制性的国家标准外,布线行业主要参照国际标准、美洲标准、欧洲标准、国内行业标准以及相应的地方标准实施。

1. 国家标准

国家标准是指对国家经济、技术和管理发展具有重大意义而且必须在全国范围内统一的标准。国家标准的内容主要倾向于布线系统的指标,规范了布线系统信道及永久链路的指标,并没有规定系统中产品的指标。中国工程建设标准化协会在参考北美的综合布线系统标准 EIA/TIA 568 的基础上,于 1995 年颁布了我国第一部关于综合布线系统的设计规范《建筑与建筑群综合布线系统工程设计规范》(CECS 72:95)。1997 年,该协会又颁布了《建筑与建筑群综合布线系统工程设计规范》(CEECS 72:97)和《建筑与建筑群综合布线系统工程施工及验收规范》(CESC 89:97)。该标准与国际标准 ISO/IEC 11801:1995 接轨,增加了抗干扰、防噪声、防火和防毒等方面的内容。

由于综合布线系统往往与建筑紧密联系在一起,因此布线系统国家标准主要由建设部(现住房和城乡建设部)负责组织起草和颁布。2007 年 10 月 1 日,新版《综合布线系统工程设计规范》(GB 50311—2007)和《综合布线系统工程验收规范》(GB 50312—2007)正式实施。新标准不再是推荐性标准,而是强制性标准。其中,《综合布线系统工程设计规范》第 7.0.9 条和《综合布线系统工程验收规范》第 5.2.5 条规定的"当电缆从建筑物外面进入建筑物时,应选用适配的信号线路浪涌保护器,信号线路浪涌保护器应符合设计要求。"为强制性条文,必须严格执行。

与综合布线系统设计、实施和验收有关的国家标准主要包括以下几个:

- 《综合布线系统工程设计规范》(GB 50311—2007)。
- 《综合布线系统工程验收规范》(GB 50312—2007)。
- 《智能建筑设计标准》(GB/T 50314—2006)。
- 《智能建筑工程质量验收规范》(GB 50309—2003)。
- 《民用建筑设计通则》(GB 50352—2005)。
- 《建筑物电气装置》(GB 16895—2000)。
- 《电子计算机场地通用规范》(GB/T 2887—2000)。
- 《电子计算机机房设计规范》(GB 50174—1993)。
- 《计算站场地安全要求》(GB 9631—1998)。

·《火灾自动报警系统设计规范》(GB 50116—1998)。

·《建筑物防雷设计规范》(GB 50057—2000)。

·《建筑物电子信息系统防雷技术规范》(GB 50343—2004)。

·《建筑照明设计标准》(GB 50034—2004)。

·《电气装置安装工程电缆线路施工及验收规范》(GB 50168—2006)。

·《电气装置安装工程接地装置施工及验收规范》(GB 50169—2006)。

·《电气装置安装工程蓄电池施工及验收规范》(GB 50172—1992)。

·《建筑灭火器配置设计规范》(GB 50140—2005)。

·《气体灭火系统施工及验收规范》(GB 50263—2007)。

·《通信管道与路径工程设计规范》(GB 50373—2006)。

·《通信管道工程施工及验收规范》(GB 50374—2006)。

·《入侵报警系统工程设计规范》(GB 50394—2007)。

·《视频安防监控系统工程设计规范》(GB 50395—2007)。

提示:上述国家标准中,带"T"的国家标准(GB)为推荐性标准,如 GB/T 2887—2000,否则为强制性标准,如 GB 50312—2007。

2.行业标准

行业标准更倾向于布线系统中产品的指标,用于对线缆、连接硬件(配线架及模块)等布线系统产品的指标进行规范,尤其是线缆类产品、数字通信用实心聚烯烃绝缘水平对绞电缆(YD/T 1019—2001)和数字通信用对绞/星绞电缆(YD/T 838.2—2003)等都有更详细的具体要求。在相同的指标中,产品的指标要求是最高的,永久链路指标其次,信道指标要求最低。

1998 年 1 月 1 日,我国通信行业《大楼通信综合布线系统》(YD/T 926)正式实施,后于 2001 年和 2009 年进行了两次修订《大楼通信综合布线系统》(YD/T 926—2001 和 YD/T 926—

2009）。通信行业标准《大楼通信综合布线系统》是针对国内综合布线产品开发、生产、检验、使用的权威性文件。该标准包括以下3个部分。

（1）第 1 部分（YD/T 926.1—2001）总规范

该规范规定了接入网内大楼通信综合布线系统的总体结构、要求、试验方法与验收等。标准中的大楼指各种商务大楼、办公大楼及综合性大楼等，但不包括普通住宅楼。大楼可以是单个建筑物，也可以是包含多个建筑物的建筑群。

（2）第 2 部分（YD/T 926.2—2001）综合布线用电缆、光缆技术要求

该要求规定了综合布线中的水平布线子系统和干线布线子系统用电缆、光缆的主要技术要求、试验方法和检验规则，以及工作区和接插软线用对称软电缆的附加要求。该标准常被用于综合布线用对称电缆、光缆的设计、生产和选用中，但是并不包括某些应用对称综合布线用电缆、光缆的特殊要求。

（3）第 3 部分（YD/T 926.3—2001）综合布线用连接硬件技术要求

该要求规定了综合布线用连接硬件的主要机械物理性能、电气特性、环境试验要求、试验方法、检验规则及安装要求等。标准规定的连接硬件包括连接器（包括插头、插座）及其组件和接插软线，不包括某些应用系统对连接硬件的特殊要求以及有源或无源电子线路的中间适配器或其他器件（如变量器、匹配电阻、滤波器和保护器件等）的技术要求。标准适用于综合布线用连接硬件的设计、生产与选用。

1.3　综合布线系统的构成

在构建智能大厦过程中，利用综合布线系统能尽可能的将语音、数据、图像等终端设备与大厦管理系统连接起来，构成一个完

整的智能化系统。综合布线系统一般采用分层星形拓扑结构,每个分支子系统是一个相对独立的单元,其改动不会对其他子系统产生影响。按照国家标准《综合布线系统工程设计规范》(GB50311—2007)的要求,综合布线系统工程包括七个部分(图1-1):工作区、配线子系统、干线子系统、建筑群子系统、设备间、进线间、管理子系统。

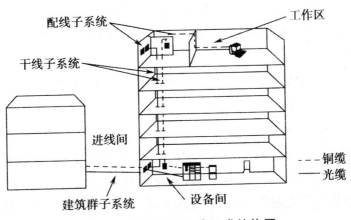

图 1-1 综合布线系统组成结构图

(1)工作区

工作区由终端设备至信息插座(Telecommunication Outlet,TO)的连接器件组成,包括跳线、连接器或适配器等,用以实现用户终端与网络间的有效连接。如图1-2所示。

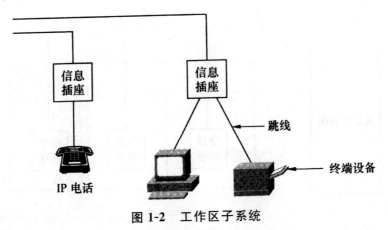

图 1-2 工作区子系统

一般来说,工作区子系统布线并非是永久的,用户根据工作需要可能随时移动、增加或减少布线,因此要求工作区布线相对简单,容易移动、添加和变更设备。一个独立的需要设备终端设备的区域常划分为一个工作区。

(2)配线子系统

配线子系统又称水平布线子系统,由工作区的信息插座模块、信息插座模块至电信间配线设备(Floor Distributor,FD)的配线电缆和光缆、电信间的配线设备及设备缆线和跳线等组成。如图 1-3 所示。

配线子系统通常采用星型网络拓扑结构,它以电信间楼层配线架 FD 为主节点,各工作区信息插座为分节点,两者之间采用独立的线路相互连接,形成以 FD 为中心向工作区信息插座辐射的星形网络。配线子系统的水平电缆、水平光缆宜从电信间的楼层配线架直接连接到通信引出端(信息插座)。

配线子系统通常由超 5 类或 6 类 4 对非屏蔽双绞线组成,由工作区的信息插座连接至本层电信间的配线柜内。当然,根据传输速率或传输距离的需要,也可以采用多模光纤。配线子系统应当按楼层各工作区的要求设置信息插座的数量和位置,设计并布放相应数量的水平线路。通常,在工程实践中,配线子系统的管路或槽道的设计与施工最好与建筑物同步进行。

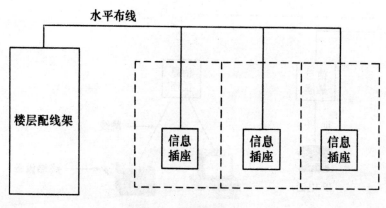

图 1-3   配线子系统

（3）干线子系统

干线子系统是综合布线系统的数据流主干,所有楼层的信息流通过水平子系统汇集到干线子系统。干线子系统应由设备室至电信室的干线电缆和光缆、安装在设备室的建筑物配线设备（Building Distributor,BD）及设备缆线和跳线组成。如图 1-4 所示。

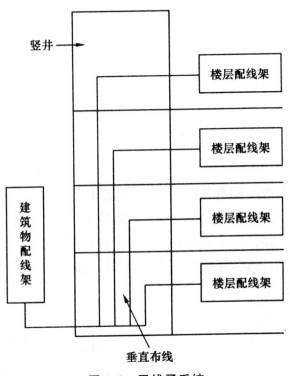

图 1-4　干线子系统

干线子系统主干缆线、语音电缆通常采用大对数双绞线电缆或光缆,数据电缆可采用超 5 类或 6 类双绞线电缆。基于可扩展性或更高传输速率等的考虑,则可采用光缆。干线子系统的主干线缆通常敷设在专用的上升管路或电缆竖井内。

（4）设备间

设备间是建筑物内专设的安装设备的房间,其系统由设备间中的电（光）缆、各种大型设备、总配线架及防雷电保护装置等构成。设备间可以将建筑物内公共系统之间相互连接的各种不同设备根据需要集中连接起来,完成各个楼层配线子系统之间的通信线路的调配、连接和测试,并建立与其他建筑物的连接,并最终形成对外传输的路径。可以说,设备间是整个综合布线系统的中心单元。如图1-5所示。

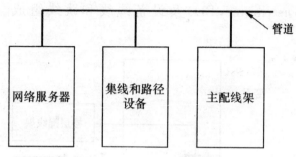

图 1-5 设备间子系统

(5)进线间

建筑物外部通信和信息管线的入口部位通过进线间进入建筑内部,因此进线间常被作为入口设施和建筑群配线设备的安装场地使用。根据 GB 50311—2007 标准要求,当电缆从建筑物外面进入建筑物时,应采取过压、过流保护措施,保护装置应符合相关规定。一般来说,综合布线系统入口设备及引入缆线构成应符合图1-6所示的要求。

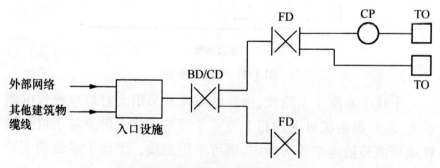

图 1-6 综合布线系统引入部分

进线间通常设置在地下一层,作为室外电缆和光缆引入楼内的成端与分支及光缆的盘长空间位置。随着光缆至大楼(FTTB)、至用户(FTTH)、至桌面(FTTO)的应用及容量的日益增多,进线间就显得越来越重要了。

(6)建筑群子系统

建筑群子系统又称建筑群主干布线总系统,指是建筑物之间使用传输介质(电缆或光缆)和各种支持设备(如配线架、交换机)连接在一起,构成的一个完整的系统,从而实现语音、数据、图像或监控等信号的传输。如图 1-7 所示。

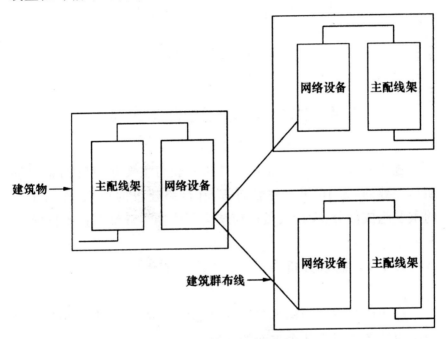

图 1-7 建筑群子系统

建筑群子系统支持楼宇之间通信所需的硬件,其中包括导线电缆、光缆以及防止电缆上的脉冲电压进入建筑物的电气保护装置。但是需要注意电气保护,如雷击、电源碰地、感应电压、寄生电流等,应使用各种保护器。

(7)管理子系统

管理子系统采用交联和互连等方式管理垂直电缆和各楼层水平布线子系统的电缆,为连接其他子系统提供了连接手段,如图 1-8 所示。

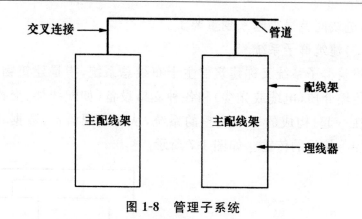

图 1-8　管理子系统

1.4　综合布线系统的设计要点

　　布线系统的平均目标生命周期一般与主要建筑物的整修周期是一致的,为 15 年。一般而言,在网络建设的初期,作为工作的重要组成部分,设计人员还应该为网络制定详细的技术指标。

1.4.1　需求分析

　　局域网络方案的构思与设计是非常重要的,一个中小型局域网络应该考虑以下几个方面的问题。

　　(1)拓扑结构需求

　　在进行网络的总体设计前,需要先对以下问题进行事先调查,清楚后才能设计出合理的网络拓扑结构,选择适当的位置作为网络管理中心,以及放置网络设备的设备间,才能有目的地选择组件网络所使用的通信介质和交换机。

　　①需要布线的建筑物。

　　②需要布线的建筑物中的房间。

　　③房间需要预留信息插座的位置。

　　④建筑物与建筑物之间的距离。

　　⑤建筑物的垂直高度和水平长度。

（2）数据传输需求

一般来说，决定网络采用什么设备及布线产品的是用户对数据传输量的需求。基于当前多媒体成为了局域网络必须支持的功能之一这一现状，要解决其大传输量的需求，就需要选择光纤作为主干和垂直布线，以六类或超五类双绞线作为水平布线，从而实现 100Mb/s 交换到桌面（并有升级至 10Gb/s 潜力）的网络已经成为最基本的网络架构。

（3）发展需求

当布线工程一旦完成后，要再进行扩充性施工就很困难了。因此网络设计者在设计网络时，除了要考虑现有网络对用户的容纳量外，还应当为网络保留至少 3～5 年的可扩展能力。这样当用户增加时，网络基本上依然能够满足增长的需要。

1.4.2　设计准则

综合布线应为建筑物中所有信息的传输系统，可以传输数据、语音、影像和图文等多种信号，支持多种厂商各类设备的集成与集中管理控制。通过统一规划、统一标准、模块化设计和统一建设实施，利用双绞线或光缆介质来完成各类信息的传输，以满足楼宇自动化、通信自动化、办公自动化的"3A"要求。当然，在实际应用中，大多数综合布线系统只包含数据和语音的结构化布线系统，有些布线系统将有线电视、安防监控等部分的其他信息传输系统加进来。目前，真正集成建筑物所有信息传输的综合布线还不多，同时，由于智能建筑物所有信息系统都是通过计算机来控制，综合布线系统和网络技术息息相关，在设计综合布线系统时应充分考虑到使用的网络技术，使两者在技术性能上获得统一，避免硬件资源的冗余和浪费，以最大化发挥综合布线系统的优点。

进行综合布线系统设计时，应遵循以下设计准则：

（1）综合考虑

在建筑物的整体规划、设计和建设过程中，就将综合布线系统纳入其中。例如,在建筑物整体的设计中就完成垂直干线子系统和水平干线子系统的管理设计,完成设备间和工作区信息插座的定位。

(2)光纤优先

在资金允许的情况下,网络主干和垂直布线系统应首先选择光纤作为通信介质。光纤不仅能够非常好地指出各种不同类型的网络,如 ATM、FDDI 和 Ether,而且还能够非常好地支持10Gb/s 速率,且这一速率几年内绝不会被淘汰。

(3)适当冗余

网络建设中最基础的布线部分一旦施工完成后,在进行扩充和改建就相当困难了。因此,通常都是在费用预算中就给予网络线路部分一次性充分铺足。而网络设备部分,则可留待以后随着业务的发展和用户数量的增加,分期投入逐步扩容。一般而言,预留的冗余线路至少为30%。

(4)遵循规范

架设通信线路时必须遵循最长距离限制的规范,且在可能的情况下,保证线路尽可能短,一方面可以节约原料费用,另一方面也有利于数据信号顺利的传输。这些规则绝不是空说,违反了就可能带来各种各样的网络故障。

遵循规范还表现在必须选用执行相同标准的布线产品,否则,可能无法实现预期的网络性能,甚至带来兼容性的问题,导致网络无法连通。

1.5 综合布线系统的应用和发展

1.5.1 综合布线系统的应用

综合布线系统的具体应用是以我国及世界综合布线系统工

程发展实际情况为基本依据的,同时遵循有关标准、规范的规定来实施的。通常,可以将综合布线系统的应用限制在建筑物、建筑群或某建筑小区范围内。目前,比较常见的智能建筑综合布线系统应用主要有两类:一类是单幢的建筑物内,如建筑大厦;另一类是由若干建筑物构成的建筑群小区,如智能住宅小区、学校园区等。

(1)单幢建筑内的综合布线系统工程

单幢建筑内的综合布线系统工程通常指的是在整幢建筑内部敷设的缆线及其附件,由建筑物内敷设的管路、槽道、缆线、接续设备以及其他辅助设施(如电缆竖井和专用的房间等)组成。此外,还可能包括一切引出建筑物与外部信息网络系统互相连接的通信线路、各种终端设备连接线和插头等,这些设备一般不包括在整体的设计和施工内,在使用前可根据需要随时进行连接安装。

(2)若干建筑物构成的建筑群小区的综合布线系统工程

对于建筑群体内建筑幢数、规模、工程范围等往往难以进行统一划分,但不论其规模如何,综合布线系统的工程范围除包括每幢建筑内的布线外,还需包括各幢建筑物之间相互连接的布线。

具体来讲,对于综合布线系统的具体应用,可以归纳为以下3个方面。

(1)高速数据通信

综合布线系统采用高速数据双绞电缆、光缆和连接硬件等高性能的部件组成的无源网络系统,具有较高的传输带宽,适用于计算机网络的高速数据通信。例如,超5类、6类综合布线系统电缆的最高传输速率可达千兆位以太网、万兆位以太网。

(2)支持三网合一的传输

在规定的长度范围内,综合布线系统是可以支持三网合一传输的,即语音、数据、图像等多种信息可以通过综合布线系统与城域网沟通,进行综合性的多媒体通信。

（3）支持楼宇管理自动化的计算机网络信息传输

楼宇管理自动化的实施离不开计算机网络的辅助功能。利用计算机网络对各子系统进行综合管理，是实现自动化管理主要手段。但是，综合布线系统中的传感器采集的信息及计算机网络发出的开关控制指令信息，都属于低速率或模拟信息，尽管综合布线系统中的电缆能够给予一定的支持，但从经济角度来源并不实惠，因此采用普通的电话线或控制线更为合适。而保安监控电视则采用同轴电缆更为经济合理①。

1.5.2　综合布线系统的发展趋势

进入新纪元，智能建筑成为了全球社会信息化发展的必然产物，综合布线作为建筑电气与智能化的基础，其主要是为建筑提供电信服务、网络通信服务、安全报警服务、监控管理服务，是建筑物实现通信自动化、办公自动化和建筑自动化的基础。

综合布线系统的设计通常倡导遵循"开放性布线原则"和"预先的布线系统"（Premise Distributed System，PDS）技术。这从某种程度上延续了当前通信网络的使用寿命。通信网络应具有很好的伸缩性和适应能力，面对未来新的通信网络技术，这种前瞻性设计将起重要作用。对于 IT 的其他技术领域，用户可能只需要预测两三年后的情况即可，但对于综合布线系统，不得不将预测提高到 5 年，甚至更长。幸运的是光纤技术可给用户预留足够的发展空间，相信还会有其他通信技术的新突破。具体到布线技术也是一样的，用户不可能指望现在的缆线系统会使用到 20 年以后，因而，在工程实际中多主张综合布线系统的设计比"够用"略超前一些即可，但线槽系统应当是便于更新的，应是先进的、独立的设计，以适用于从对绞电缆到光缆的所有缆线系统，甚至可

　　①　刘彦舫，褚建立.网络综合布线实用技术［M］.第 2 版.北京：清华大学出版社，2010.

以适用于现在还没有研制出或根本没有听说过的传输介质。

综上所述,各有所见。为适应 IT 技术快速发展的需要,未来的综合布线系统应向着以下几方向发展。

(1)集成布线系统

集成布线系统是由西蒙公司于 1991 年推出,其根本目的是为大厦提供一个集成布线平台,使大厦真正成为即插即用(Plug&play)大厦。为了达到这一目的,西蒙公司根据市场需求,在 1999 年推出了整体大厦集成布线系统(Total Building Integration Cabling,TBIC)。

集成布线系统扩展了综合布线系统的应用范围,以双绞线、光缆和同轴电缆为主要传输介质,支持语音、数据以及所有楼宇自动系统弱电信号远传的连接,为大厦敷设了一条完全开放的、综合的信息高速公路。它的目的是为大厦提供一个集成布线平台,使大厦真正成为设备系统能即插即用的大厦。

(2)智能布线系统

随着房地产事业的发展,人们对住宅小区的要求也越来越高。在我国,智能小区是对具有一定智能化程度住宅小区的笼统称呼。尽管这一概念已存在多年,但是到目前为止还没有一个统一的定义。这里可以将"智能小区"定义为:提供的是商品化的住宅产品,具有 4C(计算机、通信与网络、自控、IC 卡)功能,通过有效的传输网络,将多元信息服务与管理、物业管理与安防、住宅智能化系统集成,为住宅小区的服务与管理提供高技术的智能化手段,以期实现快捷高效的超值服务与管理,提供安全舒适的家居环境。

智能家居布线是一个小型的综合布线系统,可以作为一个完善的智能小区综合布线系统的一部分,也可以完全独立成为一套综合布线系统。从功用上来说,智能家居布线系统是智能家居系统的基础,是其传输的通道。目前,国内外大的综合布线厂家都针对智能家居市场推出了解决方案和产品,也有一些专业生产智能家居布线箱的厂家进军这一市场。

　　智能家居布线系统具有的优点是为家庭服务,能够集中管理家庭服务的各种功能应用;支持视频、语音、数据及监控信号传输;高带宽、高速率;具有灵活性、高可靠性、兼容性及开放性;易于管理,适应网络目前及将来的发展;整齐美观。它可带来较大的效益,包括提高住宅的竞争力;投资小,见效快;降低住宅小区初期的安装费用;降低智能小区的管理及运行费用;创设更舒适的环境和更现代化的生活。

　　智能家居布线也要参照综合布线标准进行设计,但它的结构要简单得多。目前,智能家居布线应用较多的是以 4 个功能模块实施为主的综合布线系统。这 4 个功能模块分别为:高速数据网络模块、电话语音系统模块、有线电视网模块和音响模块。

参考文献

　　[1]梁裕.网络综合布线设计与施工技术[M].北京:电子工业出版社,2011.

　　[2]岳经纬.网络综合布线技术[M].第 2 版.北京:中国水利水电出版社,2010.

　　[3]王勇,刘晓辉.网络系统集成与工程设计[M].第 3 版.北京:科学出版社,2011.

　　[4]雷锐生,潘韩敏,程国卿.综合布线系统方案设计[M].西安:西安电子科技大学出版社,2004.

　　[5]郝文化.网络综合布线设计与案例[M].北京:电子工业出版社,2008.

　　[6]刘化君.计算机网络与通信[M].北京:高等教育出版社,2007.

　　[7][美]Tom Sheldon.网络与通信技术百科全书[M].北京:人民邮电出版社,2004.

　　[8]孙阳.陈枭,刘天华.网络综合布线与施工技术[M].北

京：人民邮电出版社，2011.

[9]黎连业，陈光辉，黎照，赵克农.网络综合布线系统与施工技术[M].第 4 版.北京：机械工业出版社，2011.

[10]贺平网络综合布线技术[M].第 2 版.北京：人民邮电出版社，2010.

[11]肖帅领，窦西河.网络工程与实践[M].北京：北京希望电子出版社，2006.

[12]张憬，李军怀，吕林涛，等.计算机网络[M].西安：西安电子科技大学出版社，2007.

[13]陆宏琦，韩宁.智能建筑通信网络系统[M].北京：人民邮电出版社，2001.

[14]樊昌信，曹丽娜.通信原理[M].北京：国防工业出版社，2006.

[15]刘国林.智能建筑标准实施手册[S].北京：中国建筑工业出版社，2000.

[16]刘彦舫，褚建立.网络综合布线实用技术[M].第 2 版.北京：清华大学出版社，2010.

第 2 章　网络综合布线系统工程设计

网络综合布线设计不仅是客户需求的反映,同时也是整个网络工程建设的蓝图和总体框架结构,网络设计方案的质量将直接影响到网络工程的质量和性价比。

2.1　网络综合布线系统的设计原则

随着通信事业的发展,用户不仅仅需要使用电话同外界进行交流,而且需要通过 Internet 获取语音、数据、视频等大量、动态的多媒体网络信息。通信功能的智能化已成为人们日常生活和工作不可缺少的一部分。

综合布线系统的设计,既要充分考虑所能预见的计算机技术,通信技术和控制技术飞速进步发展的因素,同时又要考虑政府宏观政策、法规、标准、规范的指导和实施的原则。使整个设计通过对建筑物结构、系统、服务与管理 4 个要素的合理优化,最终成为一个功能明确、投资合理、应用高效、扩容方便的实用综合布线系统。

综合布线系统的设计原则如下:

(1)实用性和灵活性

结构化布线系统设计的实用性表现在不仅能够适应现今技术的发展,还要能够适应将来的技术发展,并且能够实现数据、语音、图像的传输。

布线系统的设计要能够达到灵活应用的要求,即任一信息点均能够连接不同类型的设备,如计算机、打印机、终端或电话、传真机等；计算机网络应能够随意划分网段，并且能够动态分配网络内部资源。

（2）开放性和高速性

布线系统要能够使网络中心机房通过网络获得更多的信息，保证系统能够与国内、国外网络畅通互连。选用的软、硬件平台，应具有一定开放性和通用性，并且能够与当今大多数主流软、硬件系统相互兼容，实现跨平台操作。

布线系统要能够处理和传输多媒体信息，采取 6 类双绞线或光缆组成网络，尽量提高网络的吞吐量。同时，应采用 Client/Server 结构模式，以减轻网络通信资源的开销。

（3）模块化和扩充性

设计布线系统时，除敷设在建筑内的线缆以外，其余所有的接插件都应是积木式的标准件，方便管理和使用。

布线系统的设计需要具有可扩充性，以便将来有更大的发展时，可以很容易将设备扩充进去，使系统具有良好的可升级性。

（4）可靠性和安全性

布线系统要具有足够的可靠性，冗余、后援存储能力和容错能力，保证系统具有一定的故障分析和排除能力，这样才能够保证系统长期稳定的运行。

布线系统要具有牢靠的安全防范措施，保证计算机网络能通过防火墙有效地阻止非授权人的访问，并能抵抗病毒的攻击。

（5）经济性和先进性

布线系统在满足应用要求的基础上，要能够降低造价。要尽量能够根据用户的需求，制定出多个方案进行对比，最终采用性价比最合理的方案。

要尽量采用国际上比较先进成熟的技术，将系统的设计建立在一个高起点上，系统只有采用具有国际先进水平的体系结构和选用设备，才能够具有发展潜力和上升趋势。

2.2　网络综合布线系统的设计标准

ISO 11801 标准和 EIA/TIA 568A 标准是布线系统的两个常用标准。其中,ISO 11801 标准是由国际标准化组织所颁布的布线系统国际标准,EIA/TIA 568A 标准是由美国电子工业协会和电气工业协会颁布的布线系统国家标准。这两个标准在规范布线系统设计原理方面是一致的,而在适用的范围和技术指标方面有所区别。

这两个标准规范了布线系统设计的 4 个方面要求。

(1)系统设计时所选择的传输介质需符合标准规定,而两个标准对传输介质的适用范围有所区别。ISO 11801 标准适用于屏蔽系统和非屏蔽系统,还适用于光纤布线系统,而 EIA/TIA 568A 标准却只适用于非屏蔽系统和光纤布线系统。

(2)系统的端接配件与所选择的传输介质必须匹配,同时接口必须一致。

ISO 11801 标准和 EIA/TIA 568A 标准的区别如下:

①ISO 11801 标准规定了 3 类双绞线不能与类型不相符的端接设备相连接,以免造成阻抗不匹配。

②ISO 11801 标准强调了屏蔽系统的优点而 EIA/TIA 568A 标准则没有强调。

③在光纤传输方面,ISO 11801 推荐 SC 接口优先于 ST 接口。

(3)ISO 11801 和 EIA/TIA 568A 标准都对系统结构进行了规定,包括设备间子系统、垂直干线子系统、水平布线子系统、工作区子系统、管理子系统、建筑群子系统、布线柜子系统 7 个子系统。

(4)ISO 11801 和 EIA/TIA 568A 标准对布线系统工程测试的参数以及基本要求做出了具体规定,但针对双绞线测试的具体参数,两个标准有着较大的差别,并且这些差别也会对布线系统工程产生重大影响。

2.3　网络综合布线系统的设计等级

综合布线工程设计需要根据实际需要,选择适当的配置来进行综合布线。一般包含 3 种布线系统等级:基本型、增强型和综合型。这 3 种等级的综合布线系统都提供对语音、数据服务的支持,并且能够随着工程的需要向更高功能的类型转移。可以从增强型升迁为综合性,也可以从基本型升迁为综合性。

基本型、增强型和综合型这 3 种等级的综合布线系统的主要区别体现在:①不同的语音和数据服务支持方式;②采用灵活性不同的移动和重新布局时实施链路管理方式。

1. 基本型综合布线系统

基本型综合布线系统作为当前比较常见的布线方案,其所具有的经济性、有效性一直备受人们青睐。基本型综合布线系统不同于其他布线系统,具有支持语言或综合型语音/数据产品,并能够全面过渡到异步传输或综合型布线系统的特点。基本型综合布线系统通常被应用于综合布线系统中配置标准较低的场合,使用铜芯电缆进行组网。

2. 增强型综合布线系统

增强型综合布线系统适用的场合一般为中等配置标准,使用铜芯电缆进行组网。增强型综合布线系统支持图像、影像、影视、视频会议等,并能够利用接线板进行管理。

3. 综合型综合布线系统

综合型布线系统是将双绞线和光缆纳入建筑物配线布线的

系统,适用于综合布线系统中配置标准较高的场合,用光缆和铜芯电缆混合组网。

2.4 网络综合布线系统的设计流程

进行综合布线系统设计前,设计人员应该对网络工程的需求进行详细的分析。明确用户所需的服务器数量以及安装的具体位置,明确网络操作系统以及所选择的网络数据库管理软件,了解网络布线的范围和空间布局,也要知道网络的拓扑结构、网络服务范围和通信类型等,然后才开始进行综合布线系统设计①。

在具体的布线工程中,可根据用户的具体情况灵活掌握。一般来说,基本型设计方式仅用在住宅小区、小型公司的办公场所;政府办公、科研、商用布线系统流行的设计方式则为增强型。

2.4.1 分析用户需求

一般来说,一个单位或一个部门要建设计算机网络,往往有其实际存在的问题或是某种要求。而系统是一项精密的系统工程,因此综合布线各个组成部分必须紧密地、有机地结合在一起,且必须采取正确的方法,才能获得合理的用户需求。

(1)确定工程实施的范围

主要包括以下几个方面。

---

① 具体布线设计需要完成的工作如下:①了解和掌握建筑物或建筑群内用户的通信需求。②了解和掌握物业管理用户对弱电系统设备布线的要求。③了解弱电系统布线时的水平与垂直通道、各设备机房位置等建筑环境。④根据以上分析决定适合本建筑物或建筑群的设计方案和介质及相关连接硬件。⑤设计建筑物或建筑群中各个层面的平面布置图和系统图。⑥根据所设计的布线系统列出需要的材料清单。

①实施综合布线系统工程的建筑物的数量。

②各建筑物的各类信息点数量及分布情况。

③各建筑物电信间和设备间的位置。

④整个建筑群中心机房的位置。

(2)确定系统的类型

确定本工程是否包括计算机网络通信、电话语音通信、有线电视系统、闭路视频监控等系统,并要求统计各类系统信息点的分布和数量。

(3)确定各类信息点接入要求

主要包括以下几个方面。

①信息点接入设备类型。

②未来预计需要扩展的设备数量。

③信息点接入的服务要求。

(4)确定系统业务范围

主要包括以下几个方面。

①确定用户所需服务器的容量,并估算该部门的信息量,从而确定服务器。

②确定选择网络操作系统。

③确定选择网络服务软件,如 Web、E-mail、FTP、视频等。

2.4.2　掌握地理布局

在进行地理位置布局时,通常要求工程施工人员必须到现场查看以下要点。

①用户数量及其位置。

②任意两个用户之间的最大距离。

③在同一楼内,用户之间的从属关系。

④楼与楼之间布线走向,楼层内布线走向。

⑤用户信息点数量和安装的位置。

⑥建筑物预埋的管槽分布情况。

⑦建筑物垂直干线布线的走向。

⑧配线(水平干线)布线的走向。

⑨特殊布局要求或限制。

⑩与外部互联的需求。

⑪设备间所在的位置。

⑫设备间供电问题与解决方式。

⑬电信间所在位置。

⑭电信间供电问题与解决方式。

⑮进线间所在位置。

⑯交换机供电问题与解决方式。

⑰对工程施工的材料的要求。

2.4.3 获取工程相关资料

要尽可能全面地获取工程相关的资料,主要包括以下内容。

(1)用户设备类型

在进行用户设备类型确定时,需要关注的几个要点主要有:用户的数量、当前个人计算机的数量、将来最终配置的个人计算机的数量、还需要配置的设备类型和数量等问题。

(2)网络服务范围

确定网络服务范围主要就是对相关要素有所了解,如当前数据库、应用程序的可共享程度;文件传送存取的方式;当前用户设备间的逻辑连接情况;网络互联(Internet)的具体情况;电子邮件;多媒体服务要求程序等。

(3)通信类型

主要包括以下内容。

①数字信号。

②视频信号。

③语音信号(电话信号)。

④通信是否是 X. 25 分组交换网。

⑤通信是否是数字数据网(DDN)。

⑥通信是否是帧中继网。

⑦通信是否是综合业务数字网(ISDN)。

⑧是否包括多服务访问技术虚拟专用网(VPN)。

(4)网络拓扑结构

可选用的网络拓扑结构有星型拓扑结构、总线结构或其他结构,在具体实施中还需要根据具体条件、设备情况等进行选择。

(5)网络工程经费投资

经费投资是任何一项工程建设必不可少的重要环节。网络工程的经费投资项目主要包括:设备投资(硬件、软件);网络工程材料费用投资;网络工程施工费用投资;安装、测试费用投资;培训与运行费用投资;维护费用投资。

2.4.4　考察现场

一个好的网络方案,必须通过实地考察,确定建筑群的中心机房、各建筑物的设备间位置。以中心机房进行建筑群缆线的估算;以设备间为中心,进行线缆长度的估算、垂直干线的估算,以及线缆到工作区的路由选择等,从而建立起完整的系统结构。

2.4.5　设计网络拓扑结构

根据用户的具体需求,结合现场实际和设备间的位置,设计网络拓扑结构。现在的网络拓扑结构,一般为星型结构,比较复杂的网络布线,可以采用全光纤或光纤＋电缆的组合布线方案,在上一节已经介绍过。

2.4.6　可行性论证

在可行性论证时,必须注意环境是否可行,性价比是否最优,从而选择一个技术先进、经济合理的系统方案。

2.4.7　绘制施工图

方案经过论证后可行,就要按照方案绘制出施工图,以方便施工人员现场的组织施工。

2.4.8　编制预算清单

根据设计方案,首先,进行材料数量计算。例如,双绞线需要多少箱,模块需要多少个,面板需要多少,光纤需要多少米,电缆配线架、光缆配线架、机柜等各需要多少。然后,进行品牌选择,如 AMP、康普、IBDN 等;再根据各个厂家的产品供货价,编制出材料预算清单。最后,根据最新的施工定额,进行施工费用的计算,得出工程的费用清单。

2.5　工程图纸绘制

综合布线工程施工图在综合布线工程中起着关键的作用,综合布线完成设计阶段工作后,就进入安装施工阶段,安装施工的依据是综合布线工程施工图。首先,设计人员要通过建筑图纸来了解和熟悉建筑物结构并设计综合布线施工图;然后,用户要根据工程施工图来对工程可行性进行分析和判断;施工技术人员要根据设计施工图组织施工;工程竣工后施工方须先将包括施工图在内的所有竣工资料移交给建设方;在验收过程中,验收人员还要根据施工图进行项目验收,检查设备及链路的安装位置、安装工艺等是否符合设计要求。施工图是用来指导施工的,应能清晰直观地反映网络和综合布线系统的结构、管线路由和信息点分布等情况。因此,识图、绘图能力是综合布线工程设计与施工人员必备的基本功。

2.5.1　工程制图的整体要求和统一规定

《电信工程制图和图形符号规定》(YD/T5015—2007)是信息产业部 2007 年发布的通信工程制图的标准。

1.通信工程制图的整体要求

通信工程制图的整体要求如下：

①根据表述对象的性质、论述的目的与内容，选取适宜的图纸及表达手段，以便完整地表述主题内容。

②图面应布局合理、排列均匀、轮廓清晰，便于识别。

③选用合适的图线宽度，避免图中线条过粗和过细。

④正确使用图标和行标规定的图形符号。当派生新的符号时，应符合图标图形符号的派生规律，并在合适的地方加以说明。

⑤在保证图面布局紧凑和使用方便的前提下，应选择合适的图纸幅面，使原图大小适中。

⑥应准确地按规定标注各种必要的技术数据和注释，并按规定进行书写或打印。

⑦工程设计图纸应按规定设置图衔，并按规定的责任范围签字，各种图纸应按规定顺序编号。

2.通信工程制图的统一规定

(1)图幅尺寸

①工程设计图纸幅面和图框大小应符合国家标准 GB 6988.1—1997《电气技术用文件的编制第 1 部分：一般要求》的规定，一般应采用 A0、A1、A2、A3、A4 图纸幅面，在实际工程设计中，只采用 A4 一种图纸幅面，以利于装订和美观。工程图纸尺寸见表 2-1。

表 2-1　工程图纸尺寸表　　　　　　　　单位:mm

图纸型号	A0	A1	A2	A3	A4
图纸尺寸长×宽	1189×841	841×594	594×420	420×297	297×210
图框尺寸长×宽	1154×821	806×574	559×400	390×287	287×180

　　表 2-1 中图格外留宽要求如下:装订线边宽 25mm,其余 3 边宽如下:A2、A1、A2 为 10mm,A3、A4 为 5mm。

　　②根据表述对象的规模大小、复杂程度、所要表达的详细程度、有无图衔及注释的数量来选择较小的合适的图面。

　　(2)图线形式及其应用

　　①线型分类及其用途见表 2-2。

表 2-2　线型分类及其用途

图线名称	图线形式	一般用途
实线	——————	基本线条:图纸主要内容用线,可见轮廓线
虚线	··········	辅助线条:屏蔽线,不可见轮廓线
点画线	—·—·—	图框线:分界线,功能图框线
双点画线	—··—··—	辅助图框线:从某一图框中区分不属于它的功能部件

　　②图线的宽度。可选用数值:0.25mm、0.35mm、0.5mm、0.7mm、1.0mm 或 1.4mm。

　　③通常只选用两种宽度图线。粗线的宽度为细线宽度的两倍,主要图线采用粗线,次要图线采用细线。

　　④使用图线绘图时,应使图形的比例和配线协调恰当、重点突出、主次分明。在同一张图纸上,按不同比例绘制的图样及同类图形的图线粗细应保持一致。

　　⑤细实线是最常用的线条。指引线、尺寸标注线应使用细

实线。

⑥当需要区分新安装的设备时,粗线表示新建,细线表示原有设施,虚线表示规划预留部分。在改建的电信工程图纸上,表示拆除的设备及线路用"×"来标注。

⑦平行线之间的最小间距不宜小于粗线宽度的两倍,同时最小不能小于 0.7mm。

(3)比例

①有比例要求的有:建筑平面图、平面布置图、管道线路图、设备加固图及零部件加工图等图纸;无比例要求的有:系统框图、电路图、方案示意图等类图纸。

②平面布置图、线路图和区域规划性质图纸的推荐的比例:1∶10、1∶20、1∶50、1∶100、1∶200、1∶500、1∶1000、1∶2000、1∶5000、1∶10000、1∶50000 等。各专业应按照相关规范要求选用合适的比例。

③设备加固图及零部件加工图等图纸的推荐比例为 1∶2、1∶4 等。

④根据图纸表达的内容深度和选用的图幅,选择合适的比例。

对于通信线路及管道类的图纸,为了更方便地表达周围环境情况,可采用沿线路方向按一种比例,而周围环境的横向距离采用另外的比例或基本按示意性绘制。

(4)尺寸标注

①一个完整的尺寸标注应由尺寸数字、尺寸界线、尺寸线(两端带箭头的线段)等组成。

②图中的尺寸单位,除标高和管线长度以米(m)为单位外,其他尺寸均以毫米(mm)为单位。

③尺寸界线用细实线绘制,由图形的轮廓线、轴线或对称中心线引出,也可利用轮廓线、轴线或对称中心线作尺寸界线。尺寸界线一般应与尺寸线垂直。

④两端应画出尺寸箭头,箭头指到尺寸界线上,表示尺寸的

起止。尺寸箭头宜用实心箭头,箭头的大小应按可见轮廓线选定,其大小在图中应保持一致。

⑤尺寸数值应顺着尺寸线方向写,并符合视图方向,数值的高度方向应和尺寸线垂直。

(5)字体及写法

①图中书写的文字(包括汉字、字母、数字、代号等)均应字体工整、笔画清晰、排列整齐、间隔均匀。其书写位置应根据图面妥善安排,不能出现线压字或字压线的情况,否则会严重影响图纸质量,也不利于施工人员看图。

②文字多时,宜放在图的下面或右侧。文字内容从左至右横向书写,标点符号占一个汉字的位置。中文书写时,宜采用国家正式颁布的简化汉字,并推荐使用长仿宋体。

③图中的"技术要求"、"说明"或"注"等字样,应写在具体文字内容的左上方,并使用比字内容大一号的字体书写。标题下均不画横线。当具体内容多于一项时,应按下列顺序号排列。

a. 1、2、3、…

b. (1)、(2)、(3)…

c. ①、②、③…

④在图中所涉及数量的数字,均应用阿拉伯数字表示。计量单位应使用国家颁布的法定计量单位。

其他内容,限于篇幅,在这里不再详细介绍,请参考《电信工程制图和图形符号规定》(YD/T 5015—2007)。

2.5.2 综合布线工程设计常用图例

图例是设计人员用来表达其设计意图和设计理念的符号。只要设计人员在图纸中以图例形式加以说明,使用什么样的图形或符号来表示并不重要。在综合布线工程设计中,部分常用图例见表2-3。

表 2-3　综合布线工程设计部分常用图例

样式 1	样式 2	名称	符号来源
CD	CD	建筑群配线架（系统图,含跳线连接）	GB 50311—2007
BD	BD	建筑物配线架（系统图,含跳线连接）	GB50311—2007
FD	FD	楼层配线架（系统图,含跳线连接）	GB50311—2007
FD		楼层配线架（系统图,无跳线连接）	GB50311—2007
CP	CP	集合点配线箱	GB50311—2007
ODF	ODF	光纤配线架（光纤总连接盘、系统图,含跳线连接）	
LIU		光纤连接盘（系统图）（可配 SC、ST、SFF 等类型光纤适配器）	
MDF	MDF	用户总配线架（系统图,含跳线连接）	
*		配线架的一般符号 *可用以下文字表示不同的配线架;CD—建筑群;BD—建筑物;FD—楼层	

续表

样式1	样式2	名称	符号来源
SB		模块配线架式的供电设备（系统图）	
HDD	HDD	家具配线箱	
HUB		集线器	GB50311—2007
SW		网络交换机	GB50311—2007
PABX		程控用户交换机	
IP		网络电话	
AP		无线接入点	
TO		信息点(插座)	00DX001
nTO	nTO	信息插座，n为信息孔数量（n≤4），例如，TO、2TO、4TO分别代表单孔、二孔、四孔信息插座	00DX001
*	*	信息插座的一般符号 *可用以下的文字或符号区别不同插座：TP—电话；TD—计算机（数据）；TV—电视	04DX003
MUTO		多用户信息插座	
⊘		光纤或光缆	GA/T 74—2000

续表

样式 1	样式 2	名称	符号来源
〔线槽图形〕		线槽	00DX001
CD		建筑群配线设备	GB 50311—2007
BD		建筑物配线设备	GB 50311—2007
FD		楼层配线架	GB 50311—2007
CP		集合点	GB 50311—2007
RJ-45		8 位模块通用插座	GB 50311—2007
IDC		卡接式配线模块	GB 50311—2007
TE		终端设备	GB 50311—2007
OF		光纤	GB 50311—2007
ST		卡口式锁紧连接器(光纤连接器)	GB 50311—2007
SC		直插式连接器(光纤连接器)	GB 50311—2007
SFF		小型连接器(光纤连接器)	GB 50311—2007

　　通信工程图纸是通过各种图形符号、文字符号、文字说明及标注表达的。预算人员要通过图纸了解工程规模、工程内容,统计出工作量,编制出工程概预算文件。施工人员要通过图纸了解施工要求,按图施工。阅读图纸的过程就称为识图,也就是要根据图例和所学的专业知识,认识设计图纸上的每个符号,理解其工程意义,进而很好地掌握设计者的设计意图,明确在实际施工过程中要完成的具体工作任务。这是按图施工的基本要求,也是准确套用定额进行综合布线工程概预算的必要前提。

2.5.3　综合布线工程施工图的绘制

综合布线工程施工图是用来指导布线人员的布线施工的。在施工图上,要对一些关键信息点、交接点、缆线拐点等位置的施工注意事项和布线管槽的规格、材质等进行详细的标注或说明。

1.综合布线工程图的种类

综合布线工程图一般应包括以下图纸。

(1)网络拓扑结构图。

(2)综合布线系统拓扑结构图。

(3)综合布线系统管线路由图。

(4)楼层信息点分布及管线路由图。

(5)机柜配线架信息点分布图。

通过这些工程图来反映以下几方面的内容。

(1)网络拓扑结构。

(2)进线间、设备间、电信间的设置情况、具体位置。

(3)布线路由、管槽型号和规格、埋设方法。

(4)各楼层信息点的类型和数量,信息插座底盒的埋设位置。

(5)配线子系统的缆线型号和数量。

(6)干线子系统的缆线型号和数量。

(7)建筑群子系统的缆线型号和数量。

(8)楼层配线架(FD)、建筑物配线架(BD)、建筑群配线架(CD)、光纤互连单元(LIU)的数量和分布位置。

(9)机柜内配线架及网络设备分布情况,缆线成端位置。

2.各类图纸的要求

(1)综合布线系统结构图

综合布线系统结构图作为全面概括布线全貌的示意图,主要描述进线间、设备间、电信间的设置情况,各布线子系统缆线的型号、规格和整体布线系统结构等内容。图 2-1 所示是多层住宅综合布线系统图示例。

（2）综合布线系统管线路由图

综合布线系统管线路由图主要反映主干（建筑群子系统和干线子系统）缆线的布线路由、桥架规格、数量（或长度）、布放的具体位置和布放方法等。某园区光缆布线路由图如图 2-2 所示。

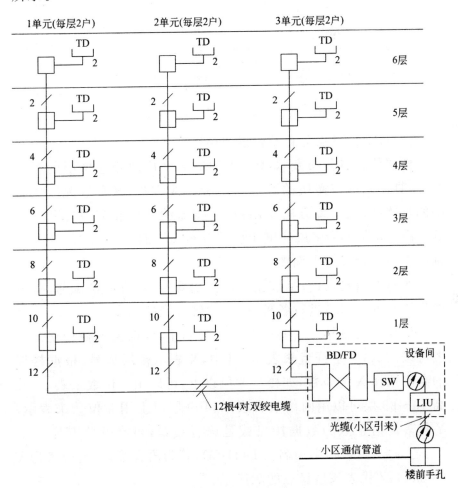

图 2-1　多层住宅综合布线系统图示例

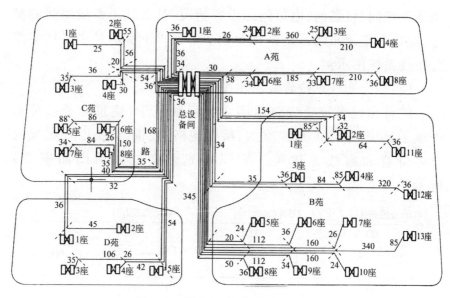

图 2-2 某园区光缆布线路由图

（3）楼层信息点分布及管线路由图

楼层信息点分布及管线路由图应明确反映相应楼层的布线情况,具体包括该楼层的配线路由和布线方法,该楼层配线用管槽的具体规格、安装方法及用量,终端盒的具体安装位置及方法等。图 2-3 所示为多层住宅 1 层综合布线平面图。图 2-4 所示为别墅 1 层综合布线平面图。

所有的信息点(包括数据接口和语音接口)都必须编号,编号的作用是方便日后进行各种查询、检修等维护操作。

信息点的编号方法要求做到直观明了,同时又方便记忆。一般可以用 XYZ 字符组来表示,其中,X 表示楼层编号,根据楼层的高度选择 X 的位数,如楼高 9 层以下,可以用一位数来表示,楼高 10～99 层可以用两位数来表示,100 层以上用 3 位数来表示;Y 代表该信息点为数据接口或是语音接口,可在此将其定义如下:若为数据接口,则命名为 D(Data);若为语音接口,则命名为 V(Voice);Z 代表该信息点的顺序号。

（4）机柜配线架信息点分布图

机柜配线架信息点分布图应明确反映以下内容。

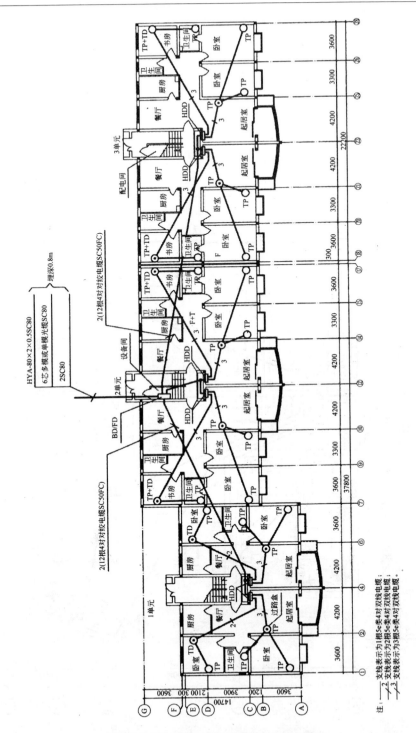

图 2-3　多层住宅 1 层综合布线平面图

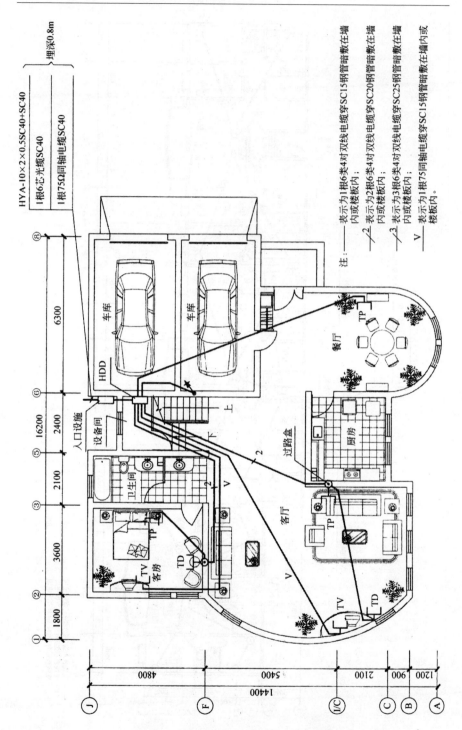

图 2-4　别墅 1 层综合布线平面图

①机柜中需要安装的各种设备,包括各种规格的配线设备、埋线设备和网络设备(如果有的话)。

②机柜中各种设备的安装位置和安装方法。

③各配线架的用途(分别用来端接什么缆线)、配线架中各种缆线的成端位置(对应端口)。

图 2-5 所示为 42U 机柜内配线架布置示意图。

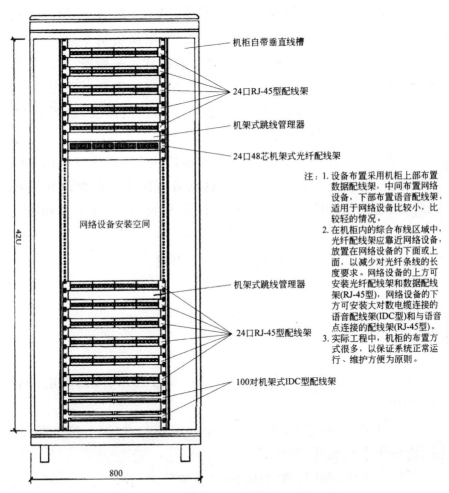

图 2-5　42U 机柜内配线架布置示意图

机柜自带垂直线槽

24口RJ-45型配线架

机架式跳线管理器

24口48芯机架式光纤配线架

网络设备安装空间

机架式跳线管理器

24口RJ-45型配线架

100对机架式IDC型配线架

注:1. 设备布置采用机柜上部布置数据配线架,中间布置网络设备,下部布置语音配线架,适用于网络设备比较小,比较轻的情况。

2. 在机柜内的综合布线区域中,光纤配线架应靠近网络设备,放置在网络设备的下面或上面,以减少对光纤条线的长度要求。网络设备的上方可安装光纤配线架和数据配线架(RJ-45型),网络设备的下方可安装大对数电缆连接的语音配线架(IDC型)和与语音点连接的配线架(RJ-45型)。

3. 实际工程中,机柜的布置方式很多,以保证系统正常运行、维护方便为原则。

2.5.4　工程布线工程绘图软件

目前,综合布线工程中使用的绘图软件主要是 Visio 和 AutoCAD,也可以采用综合布线系统厂商提供的专业布线绘制软件。

以 Visio 软件为例进行简单阐述。Visio 软件是 Microsoft Office 软件系统的一款产品,易学易用,可用作绘制专业的图纸。通过 Visio 软件可以实现各个专业(如各种建筑平面图、管理机构图、网络布线图、工程流程图、机械设计图、审计图及电路图等)的图纸的制作。在绘制综合布线系统图纸时,主要涉及"绘图类型"中的"建筑设计图"和"网络"类型。

在综合布线系统工程设计中,通过使用 Visio 软件可以绘制网络拓扑图、布线系统拓扑图、信息点分布图等。在绘制布线图纸时,最常使用的控件有视图缩放比例、标尺、连接线工具和指针工具等。

Visio 软件的使用请参考其他相关书籍。

参考文献

[1]李银玲.网络工程规划与设计[M].北京:人民邮电出版社,2012.

[2]刘彦舫,褚建立.网络综合布线实用技术[M].第 2 版.北京:清华大学出版社,2010.

[3]刘天华,孙阳,黄淑伟.网络系统集成与综合布线[M].北京:人民邮电出版社,2008.

[4]王勇,刘晓辉.网络系统集成与工程设计[M].第 3 版.北京:科学出版社,2011.

[5]李群明,余雪丽.网络综合布线[M].北京:清华大学出版

社,2014.

　　[6]贺平.网络综合布线技术[M].第 2 版.北京:人民邮电出版社,2010.

　　[7]雷锐生,潘汉民,程国卿.综合布线系统方案设计[M].西安:西安电子科技大学出版社,2004.

　　[8]梁裕.网络综合布线设计与施工技术[M].北京:电子工业出版社,2011.

第3章 网络综合布线系统工程设计方案

在设计综合布线应用系统集成方案时,从综合布线系统的设计原则出发,在总体设计的基础上进行综合布线系统工程的各项子系统的详细设计,这对保证综合布线系统工程的整体性和系统性具有重要的意义,它直接影响着智能建筑使用功能是否完善、投资效益的保证和服务质量的优劣等方面。

3.1 建筑群子系统的设计方案

建筑群子系统主要应用于多幢建筑物组成的建筑群综合布线场合,其设计时主要考虑布线路由选择、线缆选择、线缆布线方式等内容。

3.1.1 建筑群子系统设计要求

1.环境美化要求

符合建筑群覆盖区域的整体环境美化要求也是在进行建筑群主干布线子系统设计时应充分考虑的基本环节。一般来说,地下管道或电缆沟布设方式是铺设建筑群干线电缆时常用的。若由于条件的限制必须选用架空布线方式时,则建议尽量选用原已架空布设的电话线或有线电视电缆的路由,以此减少架空布设的电缆线路。

2. 线缆路由的选择

出于降低投资资金的考虑,在选用线缆路由时理论上应尽量选择距离短、线路平直的。但是在具体应用中,还需要多方面考虑建筑物间的地形或布设条件,以此决定具体路由的选择。

3. 干线电缆、光缆交接要求

从每栋建筑物的楼层配线架大建筑群设备间的配线架之间只应通过一个建筑物配线架。建筑群的干线电缆、主干光缆布线的交接不应多于两次。

4. 建筑群未来发展需要

对各建筑需要安装的信息点种类、信息点数量进行充分考虑,也是线缆布线设计时的重要环节,只有在充分考虑的前提下,根据具体情况选择相对应的干线电缆的类型以及电缆布设方式,这样才能保证建成后的综合布线系统在今后或相当长的时间内保持一定的稳定性,同时还可满足一定时期内各种新的信息业务发展需要。

3.1.2　建筑群子系统线缆布局方案

建筑群子系统的线缆布设方式有 3 种,即架空布线法、直埋布线法和地下管道布线法。

1. 架空布线法

对于可以利用现有电杆,或者对电缆的走线方式无特殊要求的场合,架空布线法是最好的选择。这种布线方式的造价较低,但对环境美观可能会产生影响,且安全性和灵活性不足。

架空布线法①要求用电杆将线缆在建筑物之间悬空架设,一般先架设钢丝绳,然后在钢丝绳上挂放线缆。注意,通信电缆与电力电缆之间的间距应遵守当地城管等部门的有关法规。

2.直埋布线法

直埋布线法是在选定布线路由的基础上在地面挖沟,然后将线缆直接埋在沟内。使用直理布线法进行布线的线缆更换和维护起来不方便,同时土质、公用设施、天然障碍物(如木、石头)等因素也会给路由选择带来一些影响。但在经济性和安全性方面要优于架空布线法,因此也是一种比较常见的布线方法。

3.地下管道布线法

地下管道布线是一种由管道和入孔组成的地下布线系统。在地下管道的保护下,不仅可以有效避免电缆被损坏,而且还不会对建筑物的外观及内部结构造成影响。

管道埋设的深度要符合当地城管等部门有关法规规定的深度(通常为0.8~1.2m),地下管道应每间隔50~180m处设立一个接合井,方便维护。

3.2　设备间子系统的设计方案

什么是设备间?所谓的设备间就是集中安装大型通信设备、主配线架和进出线设备并进行综合布线系统管理维护的场所。那么设备间的位置又怎样安排的呢?在一幢大楼中设备间通常被放置在中间部位,是大楼的网络管理的场所,常用于安装电话交换机设备、计算机网络设备以及建筑物配线设备(BD)。对综合布

---

① 架空电缆穿入建筑物外墙上的U形钢保护套,从电缆孔进入建筑物内部。电缆入口的孔径一般为5cm。建筑物到最近处的电线杆相距应小于30m。

线工程设计而言,设备间主要用于安装总配线设备。设备间的主要设备包括数字程控交换机、大型计算机、网络设备和 UPS 等。

3.2.1 设备间子系统设计要求

设备间是整个布线系统的核心,其设置合理与否直接关系到全局,因此需要对其进行综合考虑,统筹安排。

1. 设备间的位置要求

综合布线系统的关键部分是什么?这里可以肯定的回答是设备间。设备间位置的选择应考虑以下几个因素:

①如何保证干线路由最短?那就是应尽量保证设备间位于干线综合体的中间位置。

②如何方便操作?十分明显应尽可能靠近建筑物电缆引入区和网络接口。

③如何方便搬运?将大型,沉重的设备应尽量靠近电梯安置。

④如何尽量减少和避免干扰和危险?就要做到尽量远离干扰源和易燃易爆源。

楼群(或大楼)主交接间(MC)宜选在楼群中最主要的一座大楼内,且最好离电信公用网最近,若条件允许,最好将主交接间与大楼设备间合二为一。

2. 设备间的空间要求

设备间的主要设备有数字程控交换机、计算机等,设备间要有足够的空间,使用面积不能太小,设备空间(从地面到天花板)应保持2.55m 高度的无障碍空间;门的大小为高 2.1m,宽 90cm,主交接间与设备间的门开启方向须向外;地板承重能力不能低于 $500kg/m^2$。

设备间面积和净高应按照其中设备的具体要求来选取。当设备间和主交换间合二为一时,总面积应不小于二者分立时的面积要求之和。设备间最小使用面积不得小于 $20m^2$,无障碍空间不低于 2.4m。主交接间面积、净高选取原则可按每 1500 个信息插座 15m^2 来计算。对于设备间的使用面积，还可参考以下两个公式进行计算。

方法一：

$$S = K \sum_{i=1}^{n} S_i$$

其中，S——设备间使用的总面积（m^2）；

K——系数，一般 K 选择 5、6、7 三种；

S_i——代表设备间每一个设备预占的面积；

n——设备间内的设备总数。

方法二：

$$S = KA$$

其中，S——设备间的使用总面积（m^2）；

K——系数，取值 4.5～5.5m^2/台（架）；

A——设备间内的设备总数。

3.设备间的环境要求

设备间是公用设备的存放场所，也是日常管理设备的地方。设备间子系统设计时要对环境问题进行认真考虑。

(1)对温度和湿度的要求

网络设备间对温度和湿度哪些要求？通常情况下，可以将温度和湿度分为 A、B、C 三级。表 3-1 给出了具体指标。

表 3-1　设备间温度和湿度指标

项　目	A 级指标	B 级指标	C 级指标
温度/℃	22±4（夏季） 18±4（冬季）	12～30	8～35
相对湿度/%	40～65	35～70 /（℃/h）	30～80
温度变化率/（℃/h）	<5，不凝露	>0.5，不凝露	<15，不凝露

微电子设备的运行与寿命是否与设备间的温度、湿度和尘埃有关？答案是肯定的。那么它们是怎样影响微电子设备的运行的呢？下面给出简单描述。

当设备间的室温过高时，会有怎样的影响呢？

此时元件失效率急剧增加，使用寿命下降。

当设备间的室温过低时，会有怎样的影响呢？

此时会使磁介等发脆，容易断裂。

并且还需要注意温度的波动会产生"电噪声"，从而造成微电子设备不能正常运行。

当设备间的湿度过低时，会有怎样的影响呢？

此时及其容易产生静电现象，从而对微电子设备造成干扰。

当设备间的相对湿度过高时，会有怎样的影响呢？

此时会造成微电子设备内部焊点和插座的接触电阻增大。

那么当设备间的尘埃或纤维性颗粒积聚，又会造成怎样的影响呢？

会使导线被腐蚀断掉。

热量主要由如下几个方面所产生：

①设备发热量。

②照明灯具发热量。

③设备间外围结构发热量。

④室内工作人员发热量。

⑤室外补充新鲜空气带入的热量。

计算出上列总发热量再乘以系数 1.1，就可以作为空调负荷，据此选择空调设备了。

(2)空气

如何保证设备间空气洁净？要想保证设备间空气清洁需要做到如下两条：

①防尘措施完善，良好。

②一定要做到防止有毒气体的侵入。

表 3-2 和表 3-3 分别给出了允许有害气体和尘埃含量的

限值。

表 3-2　有害气体限值

有害气体 /(mg/m^3)	二氧化硫 (SO_2)	硫化氢 (H_2S)	二氧化氮 (NO_2)	氨(NH_3)	氯(Cl_2)
平均限值	0.2	0.006	0.04	0.05	0.01
最大限值	1.5	0.03	0.15	0.15	0.3

表 3-3　允许尘埃的限值

灰尘颗粒的最大直径/(μm)	0.5	1.0	3.0	5.0
灰尘颗粒的最大浓度/(粒子数/m^3)	1.4×10^4	7×10^5	2.4×10^5	1.3×10^5

这里需要注意:上述表中规定的灰尘粒子应是不导电的、非铁磁性和非腐蚀性的。

(3)照明

设备间内在距地面 0.8m 处照度不应低于 200k。还应设事故照明,在距地面 0.8m 处照度不应低于 5k。

(4)噪声

设备间的噪声要求应小于 70dB,为什么有如此要求？其原因在于如果在超出 70dB 噪声中工作,会对工作人员的身心健康造成很大的影响,甚至出现噪声事故,其后果不堪想象。

(5)电磁场干扰

在设备间内对无线电干扰场强是如何规定的?

具体规定如下:

在 0.15～1000MHz 频率范围内≤120dB。设备间内磁场干扰场强≤800A/m。

(6)电源

1)设备间供电电源质量

设备间供电电源质量具体有哪些要求?

①对频率的要求？频率为 50Hz。

②对电压的要求？电压为 380V/220V。

③对相数的要求？三相五线制或三相四线制或单相三线制。

表 3-4 给出了设备的性能允许以上参数的变动范围。

表 3-4　设备的性能允许电源变动范围

项目	A 级指标	B 级指标	C 级指标
电压变动/%	−5～+5	−10～+7	−15～+10
频率变化/Hz	−0.2～+0.2	−0.5～+0.5	−1～+1
波形失真率/%	<±5	<±5	<±10

2）设备间内供电容量

将设备间内存放的每台设备用电量的标称值相加后,再乘以系数。从电源间到设备间使用的电缆,除应符合 5GBJ232－82《电气装置安装工程规范》中配线工程规定外,载流量应减少50%。设备间内设备用的配电柜应设置在设备间内,并应采取防触电措施。

（7）地面

如何实现表面方便地敷设电缆线和电源线？通常情况,只要保证以下两点即可：

①地面最好采用抗静电活动地板。

②系统电阻应在 1～10Ω 之间。

具体要求应符合 GR6650－86《计算机房用地板技术条件》标准。

设备间地面所需异形地板①的块数可根据设备间所需引线的数量来确定。

这里需要注意在设备间内地面一定不要铺地毯,那么其原因在于：

①地毯容易产生静电。

---

① 带有走线口的活动地板称为异形地板,其走线应做到光滑,防止损伤电线、电缆。

②地毯极易积灰。

对放置活动地板的设备间的建筑地面有什么要求？具体要求如下：

①平整。

②光洁。

③防潮。

④防尘。

(8)墙面

设备间对墙面有什么要求？

设备间墙面所要选用的材料不易产生尘埃，不易吸附尘埃的材料。

(9)顶棚

设备间对顶棚所选材料有什么要求？那就是所选材料具有防火功能。

(10)隔断

设备间为什么要进行隔断？

之所以在设备间进行隔断是由于放置的设备及工作的需要。

那么对隔断所选用的材料又有什么样的要求呢？

隔断可以选用防火的铝合金或轻钢做龙骨，安装10mm厚玻璃。或从地板面至1.2m处安装难燃双塑板，1.2m以上安装10mm厚玻璃。

(11)消防

1)建筑物防火

①A类：其建筑物的耐火等级必须符合GBJ45中规定的一级耐火等级。

②B类：其建筑物的耐火等级必须符合BGJ45-82《高层民用建筑设计防火规范》中规定的二级耐火等级。

③C类：其建筑物的耐火等级应符合TJ16-74《建筑设计防火规范》中规定的二级耐火等级。

2）内部装修

根据 A、B、C 三类等级要求，设备间进行装修时，装饰材料应符合 TH16-74《建务设计防火规范》中规定的难燃材料或非燃材料，应能防潮、吸噪、不起尘、抗静电等。

3）消防设施

A、B 类设备间应设置火灾报警装置。在机房内、基本工作房间、活动地板下、吊顶地板下、吊顶上方、主要空调管道中及易燃物附近部位应设置烟感和温感探测器。

A、B、C 类设备间除纸介质等易燃物质外，禁止使用水、干粉或泡沫等易产生二次硒坏的灭火剂。

（12）安全

设备间的安全有哪些基本类别？

①设备间安全严格的要求是什么？要求具有完善的设备间安全措施。

②设备间安全较严格的要求是什么？要求具有较完善的设备间安全措施。

③设备间基本的要求是什么？要求具有基本的设备间安全措施。

设备间的安全要求有哪些？通过表 3-5 给出了设备间的安全要求。

表 3-5　设备间的安全要求

项目	C 级	B 级	A 级
场地选择	N	A	A
防火	A	A	A
防水	N	A	Y
内部装修	N	A	Y
供配电系统	A	A	Y
空调系统	A	A	Y

项目	C 级	B 级	A 级
火灾报警及消防设施	A	A	Y
防静电	N	A	Y
防雷电	N	A	Y
防鼠害	N	A	Y
电磁波防护	N	A	A

根据设备间的要求,设备间安全可按某一类执行,也可按某些类综合执行。

4.设备间的总体要求

对上面几个方面进行总结,可以将设备间的设计要求归纳为以下几点:

①处于建筑物的中心位置,且充分考虑主干缆线的传输距离与数量。

②设备间内的设备应分类分区安装,所有进出线装置或设备应采用不同的色标,以区分各类用途的配线区,方便线缆的维护及管理。

③根据建筑物的结构、综合布线规模、管理方式以及应用系统设备的数量等,来选择设备间的位置及大小。

④设备间的最小安全尺寸是 280cm×200cm,天花板的标准高度为 240cm,门的大小至少为 210cm×100cm,向外开。设备柜的放置位置应尽量靠近竖井,同时柜子的上方还要安装通风口,以便为设备通风。

⑤房顶吊顶一般要取齐过梁下部,并留足灯具和消防设备暗埋高度。建议吊顶采用铝合金龙骨和防火石棉板。

⑥设备间地板使用耐磨防静电贴面的防静电地板,抗静电性能较好,长期使用不会变形、褪色等现象。设备间的地板负重能力至少应为 $500kg/m^2$。

⑦设备间多采用下进线方式,因此地板下要敷设走线槽和通风,且地板净高度应设置为 10～50cm。

⑧设备间一般按机柜与操作间相隔离的原则进行安装,以减少人为因素对设备的影响。

⑨为隔音、防尘,需装设双层合金玻璃窗,配遮光窗帘,配置专用通风、滤尘设备,保持设备间的通风良好。

⑩室内照亮不低于 150lx。

⑪设备间室温应保持在 10℃～25℃,相对湿度应保持 60%～80%。

⑫设备间应尽量远离存放危险物品的场所和电磁干扰源。

⑬通信网络的连接应遵循相应的接口标准,并预留安装相应接入设备的位置。

⑭竖井通过楼层时尽量保持一定的间距,避免电力线干扰通信传输。[①]

3.2.2　设备间的路由规划

随着计算机和网络设备的增加,除现有信息点外,还可能会有更多的信息点添加进来。这就需要在进行设备间子系统的路由规划时充分考虑其扩展性。此外,在进行路由选材时,还要充分考虑其材料,一般来说,应尽量选用金属材料,这主要是由于通过金属管道的良好接地性可减少或避免一部分不必要的干扰,在一定程度上提高设备间的防火等级;金属管槽的扩展性较好,因此常被用来作为路由材料。

3.2.3　设备间内的线缆敷设

设备间内线缆的敷设方式主要有活动地板方式、地板或墙壁

---

① 王勇.网络系统集成与工程设计[M].第 3 版.北京:科学出版社,2011.

内沟槽方式、埋入式管路方式、桥架敷设走线架方式等,应根据房间内设备布置和缆线走向的具体情况,分别选用不同的敷设方式。

1. 活动地板方式

这种方式是缆线在活动地板下的空间敷设,由于地板下空间大,因此电缆容量和条数多,路由自由短捷,节省电缆费用,缆线敷设和拆除均简单方便,能适应线路增减变化,有较高的灵活性,便于维护管理。但造价较高,会减少房屋的净高,对地板表面材料也有一定要求,如耐冲击性、耐火性、抗静电、稳固性等。

2. 地板或墙壁内沟槽方式

这种方式是缆线在建筑中预先建成的墙壁或地板内沟槽中敷设,沟槽的断面尺寸大小根据缆线终期容量来设计,上面设置盖板保护。这种方式造价较活动地板低,便于施工和维护,也有利于扩建,但沟槽设计和施工必须与建筑设计和施工同时进行,在配合协调上较为复杂。沟槽方式因是在建筑中预先制成,因此在使用中会受到限制,缆线路由不能自由选择和变动。

3. 埋入式管路方式

埋入式即在有活动地板的机房中将线槽安装在活动地板下,其施工简单、管理方便、布线美观,对于网络的建设、设备的检修及更换来说都很方便。但是,若将所有的管道(空调、供水等)、线缆都聚集在地板和地面之间,不仅电源线和数据线会相互干扰,而且还增加了火灾隐患,即使配置了常规的消防探测器,由于地板下的送风,反应并不迅速。

埋入式的具体操作方式为:先在高架地板下安装布线管槽,然后将线缆穿入管槽,再分别连接至安装于地板的网络设备和配线架。设备间内每排设备的地板下基本都配置了线槽,一般线槽的高度在 50~100mm。

4.桥架敷设走线架方式

在线缆数量巨大的情况下,可以采用桥架敷设,即线缆由设备间外部进入,经垂直桥架到达室内,然后再由水平桥架分布至各机柜或机架。

桥架主要有敞开式和封闭式两种样式。敞开式桥架是应用的主流,管理和维护起来比较便利。在设计敞开式桥架时,首先应根据机房平面中机柜的总体规划,每排机柜设置一路。但是它对防鼠的要求更高。敞开式桥架的上、中、下 3 层(每层之间的距离不小于 300mm),通常分别作为强电线路、铜线缆路和光线缆路的通道,这样的布局很容易管理。如果机房的层高不够,也可减少层数,采用左右布局。由于封闭式桥架涉及建筑的整体结构,在安装过程中可能对建筑结构造成负面影响,还可能延长机房施工周期,促使成本增加。

3.3 干线子系统的设计方案

干线是建筑物内综合布线的主馈缆线,是楼层配线间与设备间之间垂直放缆线的统称。干线子系统是综合布线系统中非常关键的组成部分,由设备间和楼层配线间之间连接电缆和光缆组成。干线线缆直接连接着几十或几百个用户,一旦干线发生故障,就会对整个布线系统产生重大的影响,因此,必须十分重视干线子系统的设计工作。

3.3.1 干线子系统的设计要点

根据综合布线的标准及规范,应按下列设计要点进行干线子系统的设计工作。

（1）线缆类型

确定干线子系统所需要的电缆总对数和光纤芯数①。

（2）干线路由

由于干线电缆通常较短，因此安全和经济的路由就成为必要选择②。

（3）干线线缆的交接

从管理角度出发，要求干线电缆、干线光缆布线的交接次数不能超过 2 次。③

（4）线缆端接

点对点端接和分支递减端接是干线电缆经常使用的两种端接方式。其中，点对点端接是指干线子系统每根干线电缆直接延伸到指定的楼层配线间或二级交接间，它是一种最简单、最直接的接合方法；分支递减端接是用一根足以支持若干个楼层配线间或若干个二级交接间的通信容量的大容量干线电缆，经过电缆接头保护箱分出若干根小电缆，再分别延伸到每个二级交接间或每个楼层配线间，最后端接到目的地的连接硬件上。

（5）电缆连接

当处于不同的地点的设备间与计算机机房和交换机房需要将语音电缆连至交换机房，数据电缆连至计算机机房时，在设计中就需要考虑选取不同的干线电缆或干线电缆的不同部分来分别满足语音和数据的需要。必要时也可以采用光纤系统。

（6）缆线放置

缆线不应布放在电梯、供水、供气、供暖、强电等竖井中。

---

① 对数据应用采用光缆或五类双绞电缆，双绞电缆的长度不应超过 90m，对电话应用可采用三类双绞电缆。

② 在选择干线路由时，带门的封闭型综合布线专用的通道布设干线电缆也是非常有必要的，当然，与弱电竖井合用也是不错的选择。

③ 从楼层配线架到建筑群配线架间应保证只通过建筑物配线架（在设备间内）这一个配线架。当综合布线只用一级干线布线进行配线时，放置干线配线架的二级交接间可以并入楼层配线间。

（7）跳线应符合规定

设备间配线设备的跳线应符合相关规范的规定。

3.3.2　布线材料及布线方案

通常，主干布线采用 8～12 芯 $50\mu m$ 室内多模光纤，以确保接入层交换机与汇聚层交换机之间实现千兆连接，并保留未来升级至万兆网络连接的潜力。此外，还应该根据建筑物的业务流量和有源设备的档次来确定主干线缆选用铜缆还是光缆。如果主干距离不超过 100m，且网络设备主干连接采用 1000Base-T 端口接口时，为节约成本，可采用 CAT 6 双绞线作为网络主干。

一般地，干线子系统采用 8～12 芯多模光纤作为传输介质，并辅之以少量的 6 类双绞线作为冗余，以及部分大对数电缆作为语音通信介质。配线设备则主要采用光临终端盒实现与主干光缆的终接。同时，根据需要选用少量双绞线配线架实现对主干电缆的终接。

在布线方案方面，垂直主干布线应在预留的电信间内以密闭桥架方式实现，桥架的盖板应当可以打开，以保证需要时敷设新的线缆。双绞线和光缆在桥架中应当进行适当固定，以避免由于重力原因导致线缆的物理形状和性能参数发生变化。

1.垂直干线管槽通道

垂直干线管槽通道有下述两种方法可供选择：电缆孔方法和电缆井方法。

（1）电缆孔方法

电缆孔干线通道中所用的电缆孔是很短的管道，通常是用直径 10cm（4 英寸）的刚性金属管做成的，它们嵌在混凝土地板中，比地板表面高出 2.5～10cm（1～4 英寸）。通常情况下，电缆均捆在固定到墙上的钢绳上。什么时候采用电缆孔方法？该问题的回答是当接线间上下对齐时。圆形孔洞处应至少安装三根圆形钢管,管径不宜小于 10cm,如图 3-1 所示。

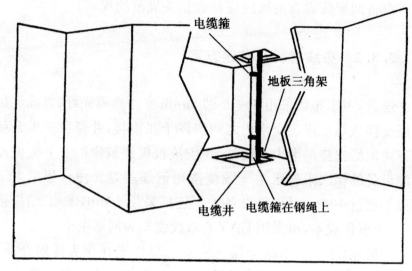

图 3-1　电缆井方法

(2)电缆井方法

电缆井①的大小取决于什么?根据所用电缆的数目而定,尺寸≥300mm×100mm。与电缆孔方法一样,电缆也是捆在支撑用的钢绳上或箍在支撑用的钢绳上。电缆井的选择具有非常灵活的特点,为了直观理解,在这里给出了图 3-1。电缆井方与电缆孔方相比较而言,其优点是什么,其缺点又是什么?灵活为其优点所在,在原有建筑物中开电缆井安装电缆费用较高,如果在安装过程中未采取措施去防止损坏楼板支撑件,则楼板的结构完整性易受到破坏为其缺点。电缆井方法的另一个缺点是不使用的电缆井很难防火。

在多层楼房中,经常需要使用干线电缆的横向通道才能从设备间连接到干线通道以及各个楼层上从干线接线间连接到任何一个二级接线间。请注意,横向走线需要寻找一条易于安装的通路,因而两个端点之间很少是一条直线。

---

①　电缆井是指在每层楼板上开出一些方孔,使电缆可以穿过这些电缆井从这层楼伸到另一层楼。

2.水平干线管槽通道

水平干线通道有如下两种选择:管道方法和托架方法。在进行低矮而又宽阔的单层建筑物的水平干线通道设计时可选择采用。

(1)管道方法

管道方法是指在管道干线系统中利用金属管道来安放和保护电缆。管道由吊杆支撑着,一般是间距1m左右一对吊杆,因此吊杆的总量应为水平干线长度的2倍,如图3-2所示。

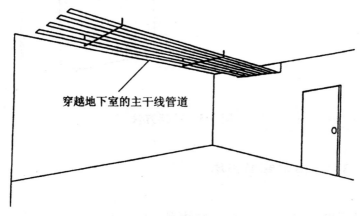

穿越地下室的主干线管道

图 3-2　管道方法

在开放式通道和横向干线走线系统中(如穿越地下室),管道对电缆起机械保护作用。管道不仅有防火的优点,而且它提供的密封和坚固的空间使电缆可以安全地延伸到目的地。

但是,管道很难重新布置,因而不太灵活,同时,造价也较高,必须事先进行周密的计划以保证管道粗细合适,并能延伸到正确的地点。由于相邻楼层上的干线接线间存在水平方向的偏距,因此出现了垂直的偏距通路,而金属管道也允许把电缆拉入这些垂直的偏距通路。

(2)托架方法

托架方法有时也叫做电缆托盘,它们是铝制或钢制部件,外形像梯子。如果把它搭在建筑物的墙上,就可以供垂直电缆走线;如果把它搭在天花板上,就可供水平电缆走线。使用托架走线槽时,一般是间距 1~1.5m 安装一个托架,电缆放在托架上,由水平支撑件固定,必要时还要在托架下方安装电缆绞接盒,以保证在托架上方已装有其他电缆时可以接入电缆,如图 3-3 所示。托架方法最适合电缆数目较多的情况。

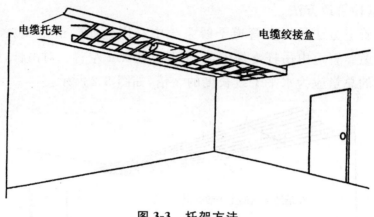

图 3-3 托架方法

3.3.3 电缆管道规格

对于电缆孔或电缆管道穿电缆,线缆所占面积(它等于每根线缆面积乘以线缆根数)与所选管道孔的可用面积之比的占用率一般定为 30%~50%。表 3-6 为推荐的布放电缆管道面积和利用率。表 3-7 为管道的最小弯曲半径。

表 3-6 推荐的布放电缆管道面积和利用率

管道		管道面积(平方英寸)		
管径/mm	管径截面积/mm²	1 根电缆,53%	2 根电缆,31%	3 根电缆,40%
20	314	166	97	126
25	494	262	153	198
32	808	428	250	323
40	1264	670	392	506

管道		管道面积（平方英寸）		
管径/mm	管径截面积/mm²	1 根电缆,53%	2 根电缆,31%	3 根电缆,40%
50	1975	1047	612	790
70	3871	2052	1200	1548

表 3-7　管道的最小弯曲半径

管径/mm	截面积/mm²	管道最小弯曲半径 无铅铠装/mm
20	314	127
25	494	152
32	808	203
40	1264	254
50	1975	305
70	3871	380

如果有必要增加电缆孔或电缆井,可利用直径-面积换算表来决定其大小。首先计算线缆所占面积,即每根线缆面积乘以线缆根数,在确定线缆所占面积后,按管道截面利用率公式就可计算出管径。管径的计算公式如下:

$$S = \pi R^2 = \frac{\pi D^2}{4}$$

式中,D 为管道直径。

3.4　水平布线子系统的设计方案

水平子系统是综合布线工程中工程量最大、施工最难的一个子系统。其布线设计涉及水平布线系统的网络拓扑结构、布线路由、管槽设计、线缆类型选择、线缆长度确定、线缆布放、设备配置等内容。它们既相对独立又密切相关,在设计中要考虑相互间的配合。

水平布线子系统[①]设计具有什么的特点?

①就范围而言,较分散。

②就关系而言,与房屋建筑和管槽系统有存在十分密切的关系,水平干线子系统设计涉及水平子系统的传输介质和部件集成,在设计中应注意相互之间的配合。

在内容上水平干线设计的主要包括什么?

①线路走向予以确定。

②线缆、槽、管需要多少,需要什么样的型号都需要予以确定。

③关于电缆需要确定两方面一是电缆类型,二是所需电缆的长度。

④对所需要的电缆和线槽进行订购。

⑤如果打吊杆走线槽,此时对所需要吊杆的数量进行确定。

⑥如果不用吊杆走线槽,此时对所需要托架的数量进行确定。

3.4.1　水平子系统的设计要点

1.水平子系统设计的网络要求

水平布线子系统的设计包括那些?在内容方面水平布线子系统的设计包括如下几个方面:

①选取怎样的网络拓扑结构?

②所需设备配置如何选取?

---

①　水平布线子系统(又称水平子系统)是综合布线系统的分支部分,具有面广、点多等特点。它由通信引出端至楼层配线架以及它们之间的缆线组成。

③确定所需缆线型号、长度等？

水平布线子系统采用星型结构网络拓扑结构具有怎样的优点？

①就线路长度而言，其所长度较短。

②传输质量优良。

③工程造价较低。

④易于维护和管理。

布线线缆长度为多少？要求其长度为楼层配线间或楼层配线间内互连设备电端口到工作区信息插座的缆线长度。根据相关规定，可知水平布线子系统的双绞线要求≤90m。为形象直观的理解在这里给出图 3-4。

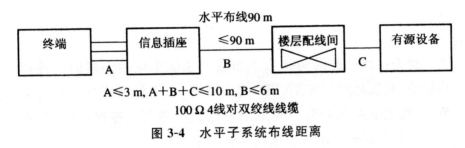

图 3-4　水平子系统布线距离

2.强电与弱电电缆技术要求

EMI 的主要发生器是什么？主要接收器是什么？这里给出的回答都是电缆。作为发生器，它辐射电磁噪声场。灵敏的收音机和电视机、计算机、通信系统和数据系统会通过它们的天线、互连线和电源接收这种电磁噪声。

水平电缆从楼层管理间布放到工作区，其布线路由上可能存在与电源电缆并行的问题，为了减少 EMI 对通信电缆的干扰，并减少通信电缆的 EMI 对外界电子设备的干扰，当水平布线通道内同时安装电信电缆和电源电缆时，电缆敷设一般需要符合以下要求：

①并线时，屏蔽的电源电缆与电信电缆不必隔开。

②分隔通信电缆与电源电缆，可以使用电源管道（金属或非

金属)。

③保证非屏蔽的电源电缆的最小距离(通常为 10cm)。

④保证工作区内的信息插座,电信电缆与电源电缆的距离不少于 6cm。

3.水平子系统的审美要求

在水平布线时,需要达到一定的审美要求,因此要注意以下两个方面:

①尽量让电缆隐藏起来,比如藏在天花板或者地板内。

②当电缆必须暴漏在外时,此时必须保证电缆的排列整齐划一,不能出现杂乱无章。

4.网络拓扑结构

星型网络拓扑结构在水平布线子系统中应用较多的一种拓扑结构,其以楼层配线架(FD)为主节点,各工作区信息插座为分节点,在主节点和分节点间采用独立的线路相互连接,从而形成以 FD 为中心向工作区信息点辐射的星型网络。

星型网络拓扑结构的应用,不仅能够有效降低线长的长度,减少工程造价,保障通信质量,同时维护起来也是相当的方便。①

5.水平子系统的线缆类型

依据建筑物信息的类型、容量、带宽或传输速率,可以确定水平子系统的线缆。一般的情况下,双绞线电缆即可满足要求,当传输带宽要求较高时,管理间到工作区超过 90m 时就需要选择光纤作为传输介质。

水平子系统中推荐采用的线缆型号为:

①100Ω 绞电缆。

---

① 贺平.网络综合布线技术[M].第 2 版.北京:人民邮电出版社,2010.

②50/125μm 多模光纤。

③62.5/125μm 多模光纤。

④8.3/125μm 单模光纤。

三类双绞线的传输速率为 10Mb/s,通常用于语音和低速数据传输;五类双绞线的传输速率为 10Mb/s,用于高速数据传输。4 线对双绞线有 UTP 和 STP 两种型号,又有助燃和非助燃、实芯和非实芯之分。

在综合布线系统中,常用的水平线缆是 4 对 UTP 电缆,能支持大多数现代化通信设备。

在一般情况下,水平电缆推荐采用特性阻抗为 100Ω 的对称电缆,必要时允许采用 150Ω 的对称电缆,不允许采用,120Ω 的对称电缆。

如果需要高速率传输系统来传输电视图像信息时,则可选择光缆,建议采用 62.5/125μm 多模光纤光缆。必要时也允许采用 50/125μm 多模光纤光缆或单模光纤光缆。由于距离不是很远,因此多模光纤光缆便可满足要求,一般对这种型号的光缆也是默认的,所以价格显得比其他应用场合的光缆便宜。

在水平布线子系统中,双绞线电缆是否采用屏蔽结构应根据工程实际需要来决定。

在水平布线子系统中,也可以使用混合电缆。选择双绞电缆时,根据不同的需要,可选用非屏蔽双绞电缆或屏蔽双绞电缆。对于一些在特殊应用场合的情况,还可选用阻燃、低烟、无毒等线缆。

6.水平子系统布线距离

从楼层配线架到信息插座间的一段固定布线(采用 100Ω 双绞电缆,最大长度为 90m)为水平线缆[①]。在信息点比较集中的区域,还可在楼层配线架与信息插座间设置转接点(TP、最多转接

---

① 水平线缆的配线架跳接至交换设备、信息模块跳接至计算机的跳线总长度不超过 10m,通信通道总长度不超过 100m。

一次),这种转接点到楼层配线架的电缆长度不能过短(至少15m),但整个水平电缆最长90m的传输特性应保持不变。[①]

7.电缆长度估算

①确定布线方法及布线走向。

②确立配线间(每个楼层)或二级交接间所要服务的具体区域。

③确认距离楼层配线间最远的信息插座(IO)的具体位置。

④确认距离楼层配线间最近的信息插座(IO)的具体位置。

⑤用平均电缆长度估算每根电缆长度。

$$平均电缆长度=\frac{(信息插座至配线间的最远距离+信息插座至配线间的最近距离)}{2}$$

总电缆长度=平均电缆长度+备用部分(平均电缆长度的10%)
+端接容差6m(变量)

每个楼层用线量(m)的计算公式如下:

$$C=[0.55(L+S)+6]\times n$$

式中,C 表示每个楼层的用线量;L 表示服务区域内信息插座至配线间的最远距离;S 表示服务区域内信息插座至配线间的最近距离;n 表示每层楼的信息插座(IO)的数量。

整座楼的用线量:

$$W=\sum MC(M 为楼层数)$$

8.电缆订购数

按4对双绞电缆包装标准,1箱线长=305m。

$$电缆订购数=\frac{W}{305}箱(按整数计)$$

---

① 贺平.网络综合布线技术[M].第2版.北京:人民邮电出版社,2010.

3.4.2 水平子系统的管槽路由设计

布线工程施工的对象有新、旧建筑,有办公楼、客房、写字楼、教学楼、住宅楼和学生宿舍等,有钢筋混凝土结构与砖混结构等不同的建筑结构。这就要求在对管槽路由进行设计时要根据建筑物的使用用途和结构特点,从下面几个方面着手考虑,如布线规范、便于施工、路由最短、工程造价、隐蔽、美观和扩充方便等。在设计中,对于结构复杂的建筑物一般都设计多种方案,通过对比分析,选取较佳方案。

综合布线工程中,常用的几种基本的路由设计方法如下:

1. 天花板吊顶内敷设线缆方式

分区法、内部布线法和电缆槽道布线法是 3 种比较常用的天花板吊顶内敷设线缆方式。出于施工与维护便利的考虑,这 3 种方法在具体实施时都要求留有一定的操作空间,并在天花板(或吊顶)适当地方设置检查口,以便维护检修。

①分区法。将天花板内的空间分成若干个小区,敷设大容量电缆。从楼层配线间利用管道穿放或直接敷设到每个分区中心,由小区的分区中心分出缆线经过墙壁或立柱引向信息插座,也可在中心设置适配器,将大容量电缆分成若干根小电缆再到信息插座。

分区法配线具有容量大、经济实用、工程造价低、灵活性强的特点,对今后的变化有较强的适用能力,但线缆在穿管敷设会受到限制,施工不太方便。

②内部布线法。从楼层配线间将电缆直接敷设到信息插座。这种方法的灵活性最大,不受其他因素限制,经济实用,不用其他设施,且电缆独立敷设传输信号不会互相干扰,但需要的线缆条数较多,初次投资要比分区法大得多。

③电缆槽道布线法。采用这种布线法时,选用的线槽可以是金属线槽,也可以是阻燃高强度 PVC 槽,通常安装在吊顶内或悬

挂在天花板上。对于大型建筑物或者布线需要有额外支持物的复杂的场合来说,可以使用横梁式线槽将线缆引向所要布线的区域。

在电缆槽道布线法中,由配线间出来的线缆在进入房间前,首先通过吊顶内的线槽进入各房间(注意:通往各房间的支管应适当集中至检修孔附近,方便维护),然后经分支线槽进行分叉,将电缆穿过一段支管引向墙柱或墙壁,沿墙而下到本层的信息出口,或沿墙而上引到上一层墙上的暗装信息出口,最后端接在用户的信息插座上。

线槽的容量可按照线槽的外径来确定,即

$$线槽的横截面积＝线缆截面积之和×3$$

吊顶工作是整个工程的后期,通常需要等到整个走廊吊顶工作完成后才可进行集中布线施工,这样更有利于对已穿线缆进行保护,且不会对室内装修造成影响。

2.地面线槽方式

地面线槽方式是由配线间出来的线缆走地面线槽到地面出线盒或由分线盒出来的支管到墙壁上的信息出口,是一种不依赖墙体或柱体,而是直接走地面垫层的配线方式,这种方式较常应用于大开间或需要打隔断的场地。

如何解决面积大、计算机离墙较远、需用较长的线接墙上的网络出口及电源插座的情况呢?这里给出的解决方法就是在地面线槽的附近留一个出线盒,那么十分容易联网及取电问题都获得了解决。怎样叫地面线槽方式?所谓的底面就是将长方形的线槽打在地面垫层中,每隔4～8m拉一个过线盒或分线盒,直到信息出口,为了更加直观和形象,这里给出图 3-5。这种布线方式适合于大开间或需打隔断的场合。如现代流行的管理模式的大开间办公室、交易大厅,布线时拉线非常容易,可以提高商业楼宇的档次。

分线盒与过线盒有两槽和三槽两种,均为正方形,每面可接两根或三根地面线槽。因正方形有四面,分线盒与过线盒均有将两三个分路汇成一个主路的功能或起到90°转弯的功能。四槽以上的分线盒可用两槽或三槽分线盒拼接。

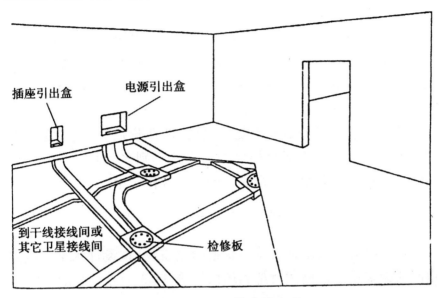

图 3-5　地面线槽走线方式

　　在地面线槽方式布线中,地面线槽的信息出口离弱电间的距离不限,通常是每隔 4～8m 设置一个分线盒或出线盒,敷设线缆时拉线容易,距离不限。强、弱电可以同路由。强、弱电可以走同路由相邻的地面线槽,而且可接到同一出线盒内的各自插座,此时地面线槽必须接地屏蔽。适用于大开间或需要后打隔断的场地。大厅面积大,计算机离墙较远,用较长的线接墙上的网络出口及电源插座显然不合适,这时用地面线槽在附近留一个出线盒,根据办公设备的需要来确定房位置。

　　地面线槽通常放置在地面垫层厚度至少为 6.5cm 以上的垫层上,以尽量减小挡板及垫层厚度带来的不利影响。此外,地面线槽方式还有两种不适合的场所,一是不适合楼层中信息点特别多的场合。如果一楼层中有 500 个信息点,按 70 型线槽穿 25 根线算,需 20 根 70 型线槽,线槽之间有一定空隙,每根线槽大约占10cm 宽度,20 根线槽就要占 2.0cm 的宽度,除门可走 6～10 根线槽外,还需开 1.0m~1.4m 的洞,但因弱电间的墙一般是承重墙,开这样大的洞是不允许的。另外,地面线槽过多,被吊杆打中的机会增大。因此,建议超过 300 个信息点的场合,应同时用地面线槽与吊顶内线槽的两种方式;二是不适合石质地面,地面线槽的路由应避免经过石质地面或不在其上放出线盒与分线盒。有时出于美观的考虑,地面出线盒的盒盖应为铜质,其价格为吊顶内线槽方式的 3~5 倍。地面线槽方式多用于高档会议室等处。

地面线槽方式的缺点也是明显的,即造价偏高,是吊顶内线槽方式的 3~5 倍,不适合楼层中信息点特别多的场合。目前地面线槽方式大多数用在资金充裕的金融业楼宇中。

3.走廊槽式桥架和墙面线槽方式

对没有天花板吊顶及预埋管槽的建筑物,在设计水平布线路由时通常采用走廊槽式桥架和墙面线槽(图 3-6)相结合的方式。

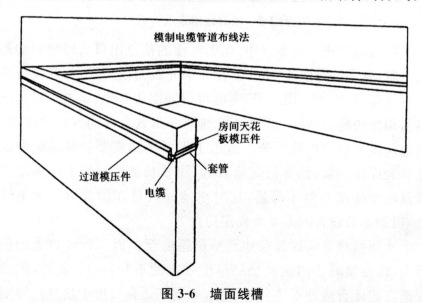

图 3-6　墙面线槽

槽式桥架就是将线槽用吊杆或托臂架支撑安置在走廊上方等处。金属线槽有纲、铝、不锈钢等材料制成,一般多采用镀锌和镀彩金属线槽,镀彩线槽抗氧化性能好,镀锌线槽相对便宜。其

规格有 50×25、100×50、200×100 等型号,厚度有 0.8mm、1mm、1.2mm、1.5mm、2mm 等规格,槽径越大,要求厚度越厚。墙面线槽方案适用于无天花板吊顶、无预埋管槽的水平布线。墙面线槽的规格有 20×10、40×20、60×30、100×30 等型号,根据线缆的多少选用。该方式主要用于室内布线,楼层信息点较少时也用于走廊布线,与槽式桥架方式一样,墙面线槽安装施工方便。

当布放的线缆较多时,走廊用槽式桥架,进入房间后采用墙面线槽;当布放的线缆较小从管理间到工作区信息插座布线时也可全部采用墙面线槽方式。

4.蜂窝状地板布线法

这种方式地板结构较复杂,一般采用钢铁或混凝土制成构件,其中导管和布线槽均事先设计,一般用于电力、通信两个系统交替使用的场合。它与地板下预埋管路布线方法相似,其容量大,可埋设电缆条数较多。

5.高架地板布线法

高架地板为活动地板,由许多方块面板组成,置放在钢制支架上,每块面板均能活动,便于安装和检修缆线,布线极为灵活,适应性强,不受限制,地板下空间较大,可容纳的电缆条数多,也便于安装施工。

6.地板下预埋管路布线法

它是强、弱电缆线统一布置的敷设方法,由金属导管和金属线槽组成。根据通信和电源布线要求以及地板的厚度和占用地板下的空间等条件,分别采用一层和两层结构。两层结构上层为布线导管层,下层为馈线导管层,缆线采用分层敷设,灵活方便,并与电源系统同时建成,有利于供电和使用机械保护性能好,安全可靠。

3.4.3 大开间办公室环境水平布线方法

大开间办公环境是现代办公楼和写字楼大量采用的一种办公环境。由于其面积较大,房间用办公用具或可移动的隔断代替建筑墙面构成分隔式的办公环境,分隔布局可根据需要变动。对于这种大开间的办公室环境,墙面和地面安装信息插座的方式不能满足需求,此时就需要采用多用户信息插座设计方案和转接点设计方案两种大开间办公环境水平布线方案。

1.多用户信息插座设计方案

多用户信息插座为在一个用户组合空间中为多个用户提供单一工作区插座集合。多用户信息插座设计方案就是将多个多种信息模块组合在一起,安装在吊顶内,然后用接插线沿隔断、墙壁或墙柱而下,接到终端设备上。水平布线可用混合电缆,放在吊顶内有规则的金属线槽内,线槽从配线间引出,走吊顶辐射到各个大开间。每个大开间再根据需求采用厚壁管或薄壁金属管,从房间的墙壁内或墙柱内将线缆引至接线盒,与组合式信息插座相连接。接插线通过内部的槽道将设备直接连至多用户信息插座。多用户信息插座放置在立柱或墙面的永久性位置,并保证水平布线在用具重新组合时保持完整性。组合时只需重新配备接插线即可。

表 3-8 给出了配置原则。

表 3-8 通信引出端(信息插座)的配置原则

序号	类型等级	传输速率	传输媒质	通信引出端的类型	备注
1	基本型	低速率系统	三类对绞线对称电缆	单个连接 4 芯插座	在高速率传输系统中,传输媒质也可以采用光缆
		高速率系统	五类对绞线对称电缆	单个连接 8 芯插座	

续表

序号	类型等级	传输速率	传输媒质	通信引出端的类型	备注
2	增强型	低速率系统	三类对绞线对称电缆	双个连接 4 芯插座	在高速率传输系统中,传输媒质也可以采用光缆
		高速率系统	五类对绞线对称电缆	双个连接 8 芯插座。双个连接 8 芯插座或更多个信息插座	
3	综合型	高速率系统	五类对绞线对称电缆和多模光纤光缆或单模光纤光缆(用于主干布线系统上)		一般以光缆为主,与铜芯对绞线对称电缆混合组网

　　TO 应为标准的 RJ45 型插座,并与线缆类别相对应,TO 面板规格应采用国家标准面板。多模光纤插座宜采用 SC 或 ST 接插形式(SC 为优选形式),单模光纤插座宜采用 FC 接插形式。

　　信息插座的布设可采用明装式或暗装式,在条件可能的情况下宜采用暗装式。信息插座应在内部做固定线连接,不得空线、空脚,终接在 TO 上的五类双绞电缆开绞度不宜超过 13mm。要求屏蔽的场合插座须有屏蔽措施。

　　一般在设计时确定信息插座的数量、类型,但在水平子系统的订购、施工领料时,信息插座要计算准确,并留有一定的余地,以应付产品的质量及施工操作失误两方面的影响。确定信息插座的数量和类型,通常可按每 9m² 配一个来估算信息插座的数量,信息插座的类型由所使用的终端设备类型确定。

　　订购信息插座时的一般要求:

$$定货总数=总数+总数×3\%$$

2.转接点设计方案

　　转接点作为水平布线中的一个互连点,可以认为是水平布线的一个逻辑转接点(从此处连接工作区终端电缆)。转接点主要用于将水平布线延长至单独的工作区。转接点一般也安装在可接近的且永久的地点如建筑物内的柱子上或固定的墙上,尽量紧靠办公用具。在转接点和信息插座之间敷设很短的水平电缆,服务于专用区域。转接点可用模块化表面安装盒(6 口,12 口)、配线架(25 对,50 对)、区域布线盒(6 口)等。

与多用户信息插座相似,转接点也位于建筑槽道(来自配线间)和开放办公区的转接点。这个转接点的设置使得在办公区重组时减少了对建筑槽道内电缆的破坏。一般来说,设置转接点主要是针对那些偶尔进行重组的场合,因此要求转接点应该容纳尽量多的工作区。

转接点和多用户信息插座水平布线部分的不同在于:大开间附加水平布线把水平布线划分为永久和可调整两部分。其中,永久部分是配线线缆先从配线间到转接点,再从转接点到信息插座。可调整部分则在转接点变动时,相应的配线布线部分也会随之改变。多用户信息插座可直接端接一根 25 对双绞电缆,也可端接 12 芯光纤,当有变动时,不要改变水平布线部分。

集中点可用大对数线缆,距楼层配线间应大于 15m,插座端口数不超过 12 个。

3.4.4 水平子系统的材料核算

在核算水平子系统所需的线缆时,必须考虑哪些方面?

其一,线缆介质的布线方法。

其二,线缆走向。

其三,确认到设备间的接线距离,并预留端接容差。

对于双绞线电缆的计算公式有哪几种?

(1)第 1 种方法

订货总量=理论总长+备用部分+端接容差

订货总量(总长度 M)=所需总长+所需总长×10%+N×6

其中,所需总长指 N 条布线电缆所需的理论长度;

所需总长×10％为备用部分;

$N×6$ 为端接容差。

(2)第 2 种方法

整幢楼的用线量:

$$W = \sum (N \times C)$$

其中,N——楼层数;

C——每层楼用线量,$C=[0.55×(L+S)+6]×n$;

L——本楼层离配线间最远的信息点距离;

S——本楼层离配线间最近的信息点距离;

n——本楼层的信息插座总数;

0.55——备用系数;

6——端接容差。

(3)第 3 种方法

$$总长度=(A+B)/2×n×3.3×1.2$$

其中,A——最短信息点长度;

B——最长信息点长度;

n——内需要安装的信息点数;

3.3——系数,将米(m)换成英尺;

1.2——余量参数(富余量)。

$$用线箱数=\frac{总长度}{1000}+1$$

因为通用的双绞线一箱的长度为 1000 英尺,折 305m。

设计人员可用这 3 种算法之一来确定所需线缆长度,再利用所需订购的线缆长度折算成所需的线缆箱数。

一般地,工厂生产的双绞线长度不等,一般从 90m(300 英尺)到 5km(16800 英尺)。双绞线可以按 WETOTE 箱为单位成箱订购。箱内可有两种装箱形式:一是直径小于 1 英尺的卷盘(Spool)形式;二是长度为 5000 英尺 (1500m)或更长的卷筒(Reel)形式。

市面上常见的是 1000 英尺(305m)的 WETOTE 包装形式，所以每箱双绞线长度通常称为 305m。

在订购双绞线时，一般以箱为单位订购，305m 为一个整段，在水平布线时要求保证线缆的连续性，所以要考虑整段的分割问题。

例如，已知平均走线长度为 78 英尺(24 米)和 140 个 I/O，则要求订购的电缆长度为 78 英尺×140 个 I/O。

现在假定采用 1000 英尺(305m)WETOTE 包装形式，为满足总电缆需要，所需的 WETOTE 箱数量似乎应为 11 箱(11×1000 英尺=11000 英尺)，但这是不正确的。

正确的计算方法是用 WETOTE 包装提供的 1000 英尺，除以平均走线长度，得出每箱的电缆走线单位，即

1000 英尺(305m)÷78 英尺(24m)＝12.8 个电缆走线单位/箱(取 12)

即

最大可订购长度÷电缆走线的总平均长度＝每箱的电缆走线单位

因为每个 I/O 需要一根对绞电缆，总电缆走线数量等于 I/O 总数，所以

所需订购箱数＝I/O 总数÷电缆走线单位/箱

即

所需订购箱数＝140÷12＝11.6

舍入后即为 12 箱。

在订货之前，要考虑包装形式的限制条件，留意从订购的箱、卷盘或卷筒内可获得的平均走线长度和走线数量。

打吊杆走线槽时，一般是间距 1m 左右一对吊杆，所以

吊杆的总量应为水平干线的长度(m)×2(根)

使用托架走线槽时，一般是 1～1.5m 安装一个托架，托架的需求量应根据水平干线的实际长度去计算。

3.5　管理子系统的设计方案

管理子系统通常设置在各楼层的设备间内,由交接间的配线设备、输入/输出设备等组成。管理子系统被认为是提供与其他子系统连接的手段,交接使得有可能安排或重新安排路由,因而通信线路能够延伸到连接建筑物内部的各个信息插座,进而实现对综合布线系统的管理。

3.5.1　配线架连接方式

综合布线管理人员通过调整配线设备的交接方式,就可以安排或重新安排传输线路。配线间内配线架与网络设备的连接方式分为互相连接和交叉连接两种。

1. 互相连接

互相连接是指水平线缆一端连接至工作间的信息插座,一端连接至配线间的设备架,配线架和网络设备通过接插软线进行连接的方式;互相连接方式使用的配线架前面板通常为 RJ-45 端口,因此网络设备与配线架之间使用 RJ-45-to-RJ-45 接插软线。

互相连接允许将通信线路定位或重定位到建筑物的不同部分,以便于管理通信线路,从而在移动终端设备时能方便地进行插拔。

2. 交叉连接

交叉连接是指在水平链路中安装两个配线架。其中,水平线缆一端连接至工作间的信息插座,一端连接至设备间的配线架,网络设备通过接插软线连接至另一个配线架,再通过多条接插软线将两个配线架连接起来,从而便于对网络用户的管理。

交叉连接又可划分为单点管理单交连、单点管理双交连和双点管理双交接 3 种方式。

①单点管理单交连。单点管理系统只有一个管理单元,负责各信息点的管理。相应的布线系统却有两种,单点管理单交连和单点管理双交连。

单点管理单交连在整幢大楼内,一般只设一个设备间作为交叉连接(Cross Connect)区,楼内信息点均直接点对点地与设备间连接,适用于楼层低、信息点数少的布线系统。

②单点管理双交连。管理子系统一般采用单点管理双交连,其管理单元位于设备间中的交换设备或互连设备附近(进行跳线管理),并在每楼层设置一个接线区作为互连(Inter Connect)区。单点管理双交连的方式的布线施工起来较为便利,适用于楼层高、信息点较多的场所。

③双点管理双交连。双点管理系统一般会在整幢大楼中设有一个设备间,并在各楼层中分别设有管理子系统,负责该楼层信息节点的管理,各楼层的管理子系统均采用主干线缆与设备间进行连接。

双点管理双连接系统的每个信息节点有两个可管理的单元,适合楼层高、信息点数多的布线环境。双点管理双交连方式布线,使客户在交连场改变线路非常简单,而不必使用专门的工具或求助于专业技术人员,只需进行简单的跳线,便可以完成复杂的变更任务。

3.5.2 管理子系统的设计要点

管理间子系统是管理线缆及相关连接硬件的系统,由配线间(包括设备间、二级交接间)的线缆、配线架及相关接插软线等组成。

管理子系统的设计要点如下:

·采用单点管理双交接方式布线。

· 每个交接区实现线路管理。

· 综合布线系统使用电缆标记、场标记和插入标记 3 种标记。

· 在交接场之间应留出空间，以便容纳未来扩充的交接硬件。

· 较少修改、移位或重新组合的线路使用夹接线方式，需要经常重组线路用插接线方式。

· 交接间及二级交接间的布线设备宜采用色标区别各类用途的配线区。

3.5.3　管理子系统的布线材料

高层建筑通常会在每一楼层都设立一个设备间，用于管理该层的信息点。小型建筑物为了节约费用和便于管理，往往只设置一个设备间。设备间一般有如下设备：

①机柜或机架。

②配线架。配线架的类型应当与水平布线线缆的类型相适应。

③交换机等网络设备。

④跳线。

⑤可选设备，包括光纤收发器、UPS 电源等。

3.6　综合布线系统的管理标记方案

在布线系统中，标记系统的建立与维护工作贯穿于整个布线系统中，建立合理的标记系统对综合布线来说是非常重要的环节。

3.6.1　综合布线的标记系统

综合布线系统通常是利用标签来管理的，不同的应用场合和连接方法分别对应着不同的标记方式,常见的标记方式有线缆标记、场标记和插入标记。

1. 线缆标记

线缆标记主要用于交接硬件安装前线缆的起始点和终止点。线缆标记由背面为不干胶的白色材料制成,可以直接贴在各种表面上,其尺寸和形状根据实际需要而定。在交接场安装和做标记之前,可以利用这些线缆标记来辨别线缆的源发地和目的地。

线缆标记的常用标签分为 3 种类型:粘贴型,背面为不干胶的标签纸,可直接贴到各种设备的表面;插入型,通常为硬纸片,由安装人员在需要时取下来使用;特殊型,用户特殊场合的标签,如条形码、标签牌等。

2. 场标记

场标记通常用于设备间和远程通信接线间、中继线/辅助场以及建筑物的分布场。场标记也是由背面为不干胶的材料制成,可贴在设备间、配线间、二级交换间、中继线/辅助场和建筑物分布场的平整表面上。

3. 插入标记

插入标记用于设备间和二级接线间的管理场,它通过颜色来标记端接线缆的起始点。通常使用硬纸片作为插入标记,将硬纸片插入位于接线块上的两个水平齿条之间的透明塑料夹(1.27cm ×20.32cm)里,这些塑料夹每个标记都用色标来指明线缆的发源地,线缆端接于设备间和配线间的管理场。

布线标记的设计方案以《商业建筑物电信基础结构》(TIA/EIA 606 标准)为依据。粘贴型标签、插入型标签均应符合 UL 969(美国保险商实验室,一个独立的、非盈利性质的产品安全实验和认证组织)中所规定的清晰、磨损、附着力以及外漏要求。某些信息可以预先印刷在标记位置上,某些信息则由安装人员填写,如果设计人员希望有空白标记,也可以订购空白标记带。

3.6.2 综合布线的标记管理

综合布线系统需要标记的部位有线缆(电信介质)、通道(走线槽/管)、空间(设备间)、端接硬件(电信介质终端)和接地共 5 个部分,这些部分的标记既相互联系又互为补充,每种标记的方法及使用的材料应区别对待。

1. 线缆的标记要求

线缆的标记通常要求使用带有透明保护膜的耐磨损、抗拉的标签材料,如乙烯基,防止线缆的弯曲变形以及经常磨损导致标签脱落和字迹模糊不清。线缆的标记一般设在线缆的两端。一些重要的线缆,则每隔一段距离都要进行标记。此外,维修口、接合处、牵引盒处的电缆位置也要进行标记。[①]

2. 通道标记要求

在管道、线槽处要用明确的中文标记系统。通常来说,标记的信息包括建筑物名称、建筑物位置、区号、起始点和功能等。

3. 空间的标志要求

各交换间管理点应根据应用环境明确中文标记插入条来标记各个端接场。配线架布线标记方法应使用规定设计,如 FD 出线,FD 入线,BD 出线,BD 入线,CD 入线等。

若使用的是光纤,还需要明确标明每芯的衰减系数。使用集线器时,还需要标明来自 BD 的配线架号、缆号和芯/对数,去往 FD 的配线架号和缆号。

---

① 雷锐生,潘汉民,程国卿.综合布线系统方案设计[M].西安:西安电子科技大学出版社,2004.

端子板的端子或配线架的端口都要编号,此编号一般由配线箱代码、端子板的快好以及块内端子(或端口)编号组成,可在管理文档中使用。面板和配线架的标签要使用连续的标签,材料以聚酯的为好,可满足外漏的要求。

4.端接硬件的标记要求

信息插座上每个接插口位置上应用中文明确标明"语音"、"数据"、"控制"、"光纤"等接口类型及楼层信息点序列号。信息插座的一个插孔对应一个信息点编号。信息点编号一般由楼层号、区号、设备类型代码和层内信息序号组成,可在插座标签、配线架标签和一些管理文档中使用。

5.接地的标记要求

空间的标记和接地的标记要求清晰、醒目。

3.6.3 综合布线标记方案的实施

在综合布线系统的管理中,一个完整的标记系统应提供以下信息:建筑物名称、位置、区号、起始点和功能。插入标记也用数字与字母的组合来表示,与色标一样,这种信息也依赖于起始点。当然,标志方案设计前还需要获得有关的系统文档。

与设备间的设计一样,在不同的应用系统中标记方案也是不同的。通常情况下是由最终用户的系统管理人员或通信管理人员提供方案,所有方案都应规定各种参数和识别规范,以便对交连场的各种线路和设备端结点有一个清楚的说明。

此外,保存详细的记录对于管理综合布线系统也是极其重要的,标记方案必须作为技术文档的一个重要部分予以存档,这样才能在日后对线路进行有效的管理。

3.7　综合布线系统的管槽设计方案

3.7.1　综合布线系统的管槽材料

布线系统中除了线缆外,管槽是一个重要的组成部分。

管槽材料主要有哪几种?

①金属槽和附件。

②金属管和附件。

③PVC 塑料槽和附件。

④PVC 塑料管和附件。

现在对上述几种管槽材料加以介绍。

1.金属槽和塑料槽

金属槽由什么组成?

它由槽底和槽盖组成。通常每根槽的长度为多少?一般长度为 2m。如图 3-7 给出了金属槽的外形。

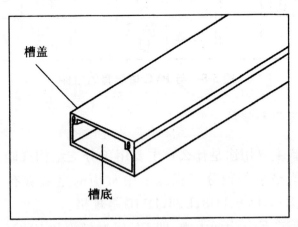

图 3-7　金属槽的外形

在综合布线系统中一般使用的金属槽的规格有哪些?通常

所使用的规格有 50mm×100mm、100mm×100mm、100mm×200mm、100mm×300mm、200mm×400mm 等。在外型上塑料槽与金属槽相类似,塑料槽的优点是其品种规格更多。

如图 3-8 给出了与 PVC 槽配套的附件。

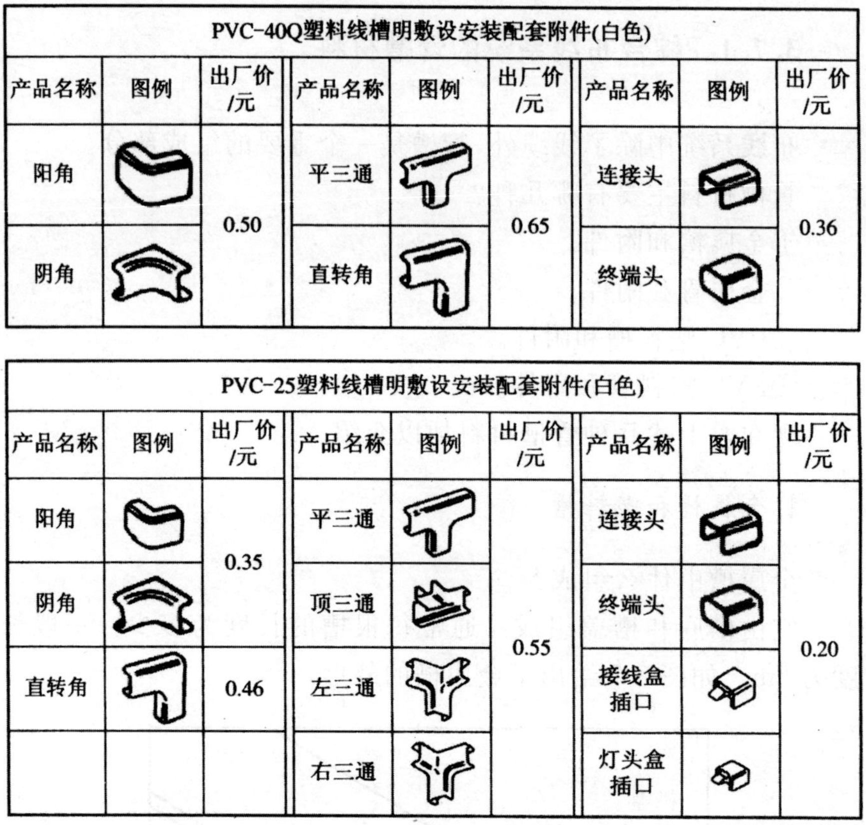

PVC-40Q塑料线槽明敷设安装配套附件(白色)								
产品名称	图例	出厂价/元	产品名称	图例	出厂价/元	产品名称	图例	出厂价/元
阳角		0.50	平三通		0.65	连接头		0.36
阴角			直转角			终端头		

PVC-25塑料线槽明敷设安装配套附件(白色)								
产品名称	图例	出厂价/元	产品名称	图例	出厂价/元	产品名称	图例	出厂价/元
阳角		0.35	平三通		0.55	连接头		0.20
阴角			顶三通			终端头		
直转角		0.46	左三通			接线盒插口		
			右三通			灯头盒插口		

图 3-8　与 PVC 槽配套的附件

2.金属管和塑料管

金属管主要用途是什么?主要用于分支结构或暗埋的线路,金属管的规格按外径分工程施工中常用的金属管有 D16、D20、D25、D32、D40、D50、D63、D25、D110 等规格。

塑料管产品分为两大类,即 PE 阻燃导管和 PVC 阻燃导管。

3.桥架

桥架是建筑物内布线不可缺少的一个部分。桥架可分为哪几类？分为以下三类：

①普通型桥架。

②重型桥架。

③槽式桥架。

上述三种类型中，在网络布线很少使用的是重型桥架和槽式桥架。

3.7.2　管槽敷设方法和要求

1.电缆桥架敷设

电缆桥架敷设时需要注意什么？

①电缆桥架宜高出地面 2.2m 以上，桥架顶部距顶棚或其他障碍物不应小于 0.3m，桥架宽度不宜小于 0.1m，桥架内横断面的填充率不应超过 50%。

②桥架水平敷设时，支撑间距一般为 1～1.5m，垂直敷设时固定在建筑物体上的间距宜小于 1.5m。

③在电缆桥架内垂直敷设缆线时，在缆线的上端应每间隔 1.5m 左右固定在桥架的支架上；水平敷设缆线时，在缆线的首、尾、拐弯处每间隔 2～3m 处进行固定。

2.电缆线槽敷设

双绞线的室外部分要加套管，严禁搭接在树干上，粗缆布线时必须走线槽。电缆线槽敷设时有如下要求：

①电缆线槽宜高出地面 2.2m。在吊顶内设置电缆线槽时，槽盖开启面应保持 80mm 的垂直净空，线槽截面利用率不应超过 50%。

②塑料线槽槽底固定点间距一般为 0.8~1m。

③金属线槽敷设时,在下列情况下设置支架或吊架:线槽接头处、间距 1~1.5m 处、离开线槽两端口 0.5m 处和拐弯转角处。

④水平布线时,布放在线槽内的缆线可以不绑扎,槽内缆线应顺直,尽量不交叉,缆线不应溢出线槽,在缆线进出线槽部位,拐弯处应绑扎固定。垂直线槽内布放缆线时应每间隔 1.5m 固定在缆线支架上。

⑤在水平、垂直桥架和垂直线槽中敷设缆线时,应对缆线进行绑扎。绑扎间距不宜大于 1.5m,绑扎扣间距应均匀,松紧适度。

3. 金属线槽预埋

图 3-9 给出了预埋金属线槽方式。

在金属线槽预埋时需要注意什么?

①在预埋数量上,要求不少于两根,在线槽截面高度上,≤25mm。

②线槽直埋长度超过 6m 或在线槽路由交叉、转弯时宜设置拉线盒,以便于布放缆线和维修。

③对拉线盒盖的要求:第一能开启;第二与地面齐平;第三盒盖处应具有防水措施。

④线槽宜采用金属管引入分线盒内。

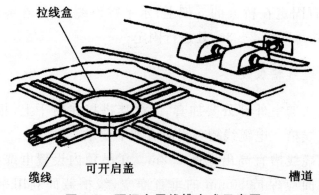

图 3-9　预埋金属线槽方式示意图

4. 暗管预埋

在暗管预埋时需要注意哪些方面?

①在暗管选材方面有什么要求? 最好采用金属管。

②对预埋在墙体中间的暗管在内径方面有什么具体要求? 要求其内径≤50mm。

③对楼板中的暗管内径有什么样的要求? 最好在 15 ~25mm。

④在直线布管 30m 处应设置暗箱等装置。

⑤在暗管的转弯角度方面的要求? 应大于>90°。

⑥在路径上每根暗管的转弯点在数量上也有要求,那就是不能多于两个,且不应有 S 弯出现。

⑦在弯曲布管时又有怎样的要求,规定在每间隔 15m 处应设置暗线箱等装置。

⑧暗管转弯的曲率半径不应小于该管外径的 6 倍,当暗管外径>50mm 时,不应<10 倍。

⑨对暗管管口有怎样的要求? 首先应平滑,并加有绝缘套管,管口伸出部位应为 25~50mm。为使读者了解得更加清晰明白,在这里给出图 3-10。

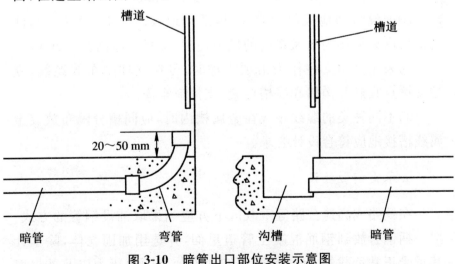

图 3-10　暗管出口部位安装示意图

5.格形线槽和沟槽敷设

为了使读者更加形象直观地对格形线槽与沟槽的构成有所了解,这里给出了图 3-11,在敷设时需要注意哪些方面?

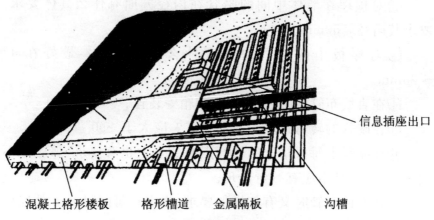

混凝土格形楼板　　格形槽道　　金属隔板　　　　沟槽

信息插座出口

图 3-11　格形线槽与沟槽构成示意图

①必须保证沟槽和格形线槽连通。

②沟槽盖板是否开启并不强制要求,可以开启,必须与地面保持齐平,为了避免进水,漏水等在盖板和插座出口处应设置防水措施。

③对于沟槽的宽度的要求,一般≥600mm。

④铺设活动地板敷设缆线时,活动地板内净空≥150mm,活动地板内如果作为通风系统的风道使用,地板内净高≥300mm。

⑤采用公用立柱作为吊项支撑时,可在立柱中布放缆线,立柱支撑点宜避开沟槽和线槽位置,支撑应牢固。

⑥不同种类的缆线布线在金属槽内时,应同槽分隔布放。金属线槽接地应符合设计要求。

6.承重钢管敷设

在铁路或高速公路等重载区下方应当采取铺设钢管的方式,把一捆钢管放到钢筋混凝土管道里面,并选用加固壳体,除了让其承受正常负载外,还可承受装卸和安装(钻孔)压力以及外界腐蚀。应正确设计管道敷设路线,防止加固壳体与常规管道路线的结合部位出现剪切力而导致该处损坏。

钢管可选用平口和喇叭口两种。管径可根据管中要穿的线缆数量而定,一般直径为 30~100min。

7.光缆的保护管槽的敷设

敷设光缆时应注意以下几点:

①光缆在室内布线时要走线槽。

②光缆在地下管道中穿过时要用 PVC 管。

③光缆需要拐弯时,其曲率半径不能小于 30cm。

④光缆的室外裸露部分要加铁管保护,铁管要固定牢固。

⑤光缆不要拉得太紧或太松,并要有一定的膨胀收缩裕量。

⑥光缆埋地时,要加铁管保护。

8.工作区交接箱

在工作区的信息点位置和缆线敷设方式未定的情况下,或在工作区采用在地毯下布放缆线时,在工作区宜设置交接盒,每个交接箱的服务面积约为 9cm×9cm。

9.延长盒(绞接盒)

当管道长度超过 30m 或者管道有两处以上的 90°转弯时,就应当使用延长盒(绞接盒)。

使用延长盒要保证管道从盒的相对的两端进出,在盒内不打弯,如图 3-12(a)所示。如果需要在延长盒处拐弯 90°,最好是在盒的附近拐弯,如图 3-12(b)、(c)所示,避免像图 3-12(d)、(e)和(f)那样拐弯。

图 3-12 所示各种结构的延长盒(绞接盒),推荐的最小尺寸如表 3-9 所示。如果改用滑套、槽口或管道的开口段去替代延长盒,应保证开口的长度与表 3-9 中所述的延长盒规格相同。

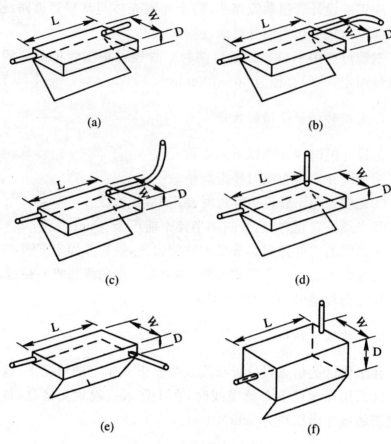

图 3-12 管道的延长盒

表 3-9 推荐的管道延长盒(绞接盒)的最小尺寸

标定的管道尺寸/mm	连接两个管道的延长盒尺寸/mm									每增加 1 根管道应增加的管径/mm
	结构(a)或(b)或(c)			或(e)			或(f)			
	W	l	D	W	l	D	W	l	D	
20	100	300	75	150	300	75	100	300	150	50
25	100	400	75	200	400	75	100	400	200	50
30	150	500	75	250	450	75	120	450	250	75
35	200	675	100	300	600	100	200	600	300	100

续表

标定的管道尺寸/mm	连接两个管道的延长盒尺寸/mm									每增加1根管道应增加的管径/mm
	结构(a)或(b)或(c)			或(e)			或(f)			
	W	1	D	W	1	D	W	1	D	
50	200	900	100	350	750	100	250	750	350	125
60	250	1050	125	400	900	125	300	900	400	150
75	300	1200	125	450	1050	125	375	1050	450	150
90	300	1250	150	525	1200	150	375	1200	525	150
20	250	750	75	250	750	150				75
90	300	800	100	300	800	200				100
30	350	900	125	350	900	250				150
35	450	975	150	450	975	300				200
50	500	1050	175	500	1050	350				225
60	600	1200	200	600	1200	400				250
75	750	1350	225	750	1350	450				300
90	900	1500	250	900	1500	525				300
100	1050	1650	275	1050	1650	600				300

参考文献

[1]梁裕.网络综合布线设计与施工技术[M].北京:电子工业出版社,2011.

[2]黎连业.网络综合布线系统与施工技术[M].第4版.北京:机械工业出版社,2011.

[3]李银玲.网络工程规划与设计[M].北京:人民邮电出版

社,2012.

[4]刘彦舫,褚建立.网络综合布线实用技术[M].第2版.北京:清华大学出版社,2010.

[5]刘天华,孙阳,黄淑伟.网络系统集成与综合布线[M].北京:人民邮电出版社,2008.

[6]王勇,刘晓辉.网络系统集成与工程设计[M].第3版.北京:科学出版社,2011.

[7]李群明,余雪丽.网络综合布线[M].北京:清华大学出版社,2014.

[8]贺平.网络综合布线技术[M].第2版.北京:人民邮电出版社,2010.

第4章 网络综合布线工程施工

综合布线工程施工是实施布线设计方案,完成网络布线的关键环节,是每一位从事综合布线技术人员必须具备的技能。良好的综合布线设计有利于良好的综合布线施工的实施,反过来也只有做好施工环节才能更好地体现出设计的优良。为了保证布线施工的顺利进行,在工程开工前必须明确施工的要求,并切实做好各项施工准备工作。

4.1 网络综合布线施工要点

4.1.1 布线工程开工前的准备工作

综合布线施工准备工作是保证综合布线工程顺利施工。网络工程经过调研、设计确定方案后,下一步就是工程的实施,要求做到以下几点:

(1)设计综合布线实际施工图。图纸是工程的语言、施工的依据,明确工程所需的设备和材料,确保在施工过程中不破坏建筑物的强度和保持美观。

(2)备料。网络工程施工过程需要许多施工材料,这些材料有的必须在开工前就备好。

(3)技术交底。技术交底工作主要是由设计单位的设计人员和工程安装承包单位的项目技术负责人一起完成。技术交底一般包括几个部分。

·设计要求和施工组织中的有关要求。

·工程施工条件、施工顺序、施工方法。

·施工中采用的新技术、新材料的性能和操作使用方法。

4.1.2 施工过程中要注意的事项

(1)对工程单位计划不周的问题,要及时妥善解决。

(2)为确保工程质量,对部分场地或工段要及时进行阶段检查验收。

(3)对工程单位新增加的点要及时在施工图中反映出来。

在制订工程进度表时,对可能影响本工程的问题再三琢磨,避免出现不能按时完工、交工的问题。由此可见,建议使用督导指派任务表、工作间施工表,见表 4-1、表 4-2。督导人员对工程的监督管理则依据表 4-1、表 4-2 进行。

表 4-1 工作间施工表

楼号	楼层	房号	联系人	电话	备注	施工/测试日月
			⋮			

此表一式 4 份,领导、施工、测试、项目负责人各一份。

表 4-2 督导指派任务表

施工名称	质量与要求	施工人员	难度	验收人	完工日期	是否返工处理
			⋮			

4.1.3 安装工艺要求

1. 设备间

(1)设备间的设计应符合下列规定:

①设备间应处于干线综合体的最佳网络中间位置。

②设备间应尽可能靠近建筑物电缆引入区和网络接口。

③设备间的位置应便于接地装置的安装。

④设备间室温应保持为,相对温度应保持。

⑤设备间应安装符合法规要求的消防系统。

⑥设备间内所有设备应有足够的安装空间。

(2)设备间的室内装修、空调设备系统和电气照明等安装应在装机前进行。设备间的装修应满足工艺要求,经济适用。

(3)设备间应防止有害气体(如 SO_2、H_2O、NH_3、NO_2 等)侵入,并应有良好的防尘措施,允许尘埃含量限值可参见表4-3的规定。

表4-3 允许尘埃限值表

灰层颗粒的最大直径(μm)	0.5	1	3	5
灰层颗粒的最大浓度(粒子数/m^3)	1.4×10^7	7×10^5	2.4×10^5	1.3×10^5

2. 交接间

(1)确定干线通道和交接间的数目,如果在给定楼层所要服务的信息插座都在75m范围以内,宜采用单干线接线系统。凡超出这一范围的,可采用双通道或多个通道的干线系统。

(2)干线交接间兼作设备间时,其面积不应小于 $10m^2$。干线交接间的面积为 $1.8m^2$ 时($1.2m \times 1.5m$),可容纳端接200个工作区所需的连接硬件和其他设备。其设置要求应符合表4-4的规定,或可根据设计需要确定。

表 4-4　交接间的设置表

工作区数量(个)	交接间数量和大小 (个,m²)	二级交接间数量和大小 (个,m²)
≤200	1,≥1.2×1.5	0
201~400	1,≥1.2×2.1	1,≥1.2×1.5
401~600	1,≥1.2×2.7	1,≥1.2×1.5
>600	2,≥1.2×1.7	

3.电缆

(1)建筑物内暗配线一般可采用塑料管或金属配线材料。

(2)水平通道可选择管道方式或电缆桥架方式。

(3)干线子系统垂直通道有电缆孔、管道、电缆竖井 3 种方式可供选择。

(4)配线子系统电缆宜穿钢管或沿金属电缆桥架铺设,并应选择最短捷的路径,目的是为适应防电磁干扰要求。

(5)配线子系统电缆在地板下的安装方式,应根据环境条件选用地板下桥架布线法、蜂窝状地板布线法、高架(活动)地板布线法、地板下管道布线法等 4 种安装方式。

4.2　布线施工常用工具

4.2.1　光缆布线施工工具

在光缆施工工程建设中常用的工具如表 4-5 所示。

表 4-5 在布线施工中常用的工具

序号	工具名称	数量	用途
1	光纤剥皮钳	1 把	剥离光纤表面涂覆层
2	横向开缆刀	1 把	横向开剥光缆
3	刀具	1 把	切割物体
4	剪刀	1 把	剪断跳线内纺纶纤维
5	断线钳	1 把	开剥光缆
6	老虎钳	1 把	剪断光缆加强芯
7	组合螺丝批	1 套	紧固螺钉
8	组合套筒扳手	1 套	紧固六方螺钉
9	活动扳手	1 把	开剥光缆
10	内六角扳手	1 个	紧固螺钉
11	洗耳球	1 个	吹镜头表面浮层
12	镊子	1 支	镊取细小物件
13	记号笔	1 个	做终端标号
14	酒精泵瓶	1 支	清洗光纤
15	微型螺丝刀	1 个	紧固螺钉
16	松套管剥皮钳	1 支	—
17	卷尺	1 把	测量光缆开剥长度
18	工具箱	1 个	装置工具
19	斜口钳	1 把	剪光缆加强芯
20	尖嘴钳	1 把	辅助开剥光缆
21	试电笔	1 个	测试线路带电情况
22	手电筒	1 个	施工照明
23	手电锯	1 把	锯光缆等

光纤熔接工具箱如图 4-1 所示。

图 4-1　光纤熔接工具箱

光纤熔接工具箱说明如表 4-6 所示。

表 4-6　光纤熔接工具箱说明

名称	用途
光纤剥涂钳	用于剥光纤涂覆层
管子割刀	用于光电缆外皮开剥,可深度进刀
光缆松套钳	开剥光缆
光缆纵剥刀	用于光缆纵向开剥
酒精泵	用于清洁光纤、熔接机专用
钢丝钳	用于兴光缆接头盒的安装
强力剪钳	用于铠装光缆及加强芯切断
卷尺	用于裸光纤长度的测量
钢锯	用于光缆的开剥
内六角	用于光缆终端盒的安装
热缩套管	单芯套管
绝缘胶带	耐高压、防水、经久耐用
斜口钳	用于光缆接头盒的安装

续表

名称	用途
尖嘴钳	用于光缆接头盒的安装
一字改锥	用于光缆接头盒的安装
十字改锥	用于光缆接头盒的安装
试电笔	普通型
活动扳手	用于光缆接头盒的安装
组合旋具	用于光缆接头盒的安装
电工刀	用于光缆施工

4.2.2　布线压接工具

在布线压接的过程中,必须要用到一些辅助工具,压线工具如图 4-2 所示。

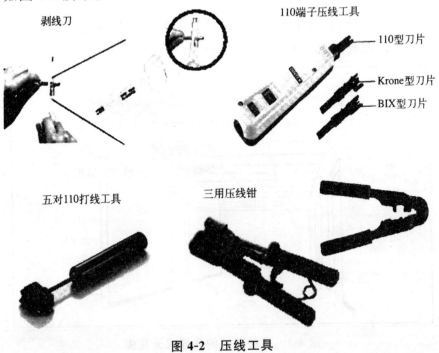

图 4-2　压线工具

4.3 楼层水平布线的施工

建筑物内水平布线,可选用天花板、墙壁线槽等形式,在决定采用哪种方法之前,到施工现场,进行比较,从中选择一种最佳的施工方案。

4.3.1 天花板顶内布线

水平布线最常用的方法是在天花板吊顶内布线。具体施工步骤如下:

①确定布线路由。

②沿着路由打开天花板,用双手推开每块镶板,如图 4-3 所示。

③可将线缆箱放在一起并使线缆接管嘴向上,个线缆箱按图 4-4 所示。

④加标注,在箱上写标注,在线缆的末端注上标号。

⑤在离管理间最远的一端开始,拉到管理间。

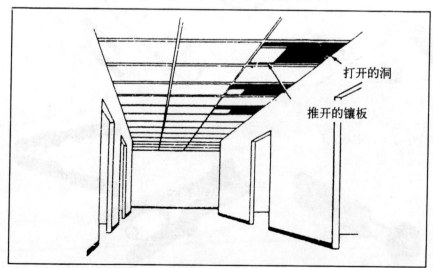

图 4-3 移动镶板的悬挂式天花板

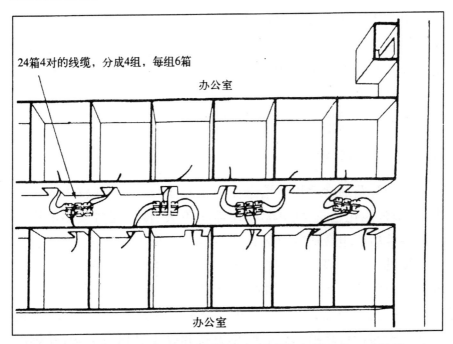

24箱4对的线缆，分成4组，每组6箱

办公室

办公室

图 4-4　共布 24 条 24 对线缆，每一信息点布放一条 4 对的线

4.3.2　墙壁线槽布线

在墙壁上布线槽一般遵循下列步骤：
①确定布线路由。
②沿着路由方向放线(应讲究直线美观)。
③线槽每隔 1m 要安装固定螺钉。
④布线(线槽容量为 70%)。
⑤错位盖塑料槽盖。

4.4　楼层干线与设备间的布线施工

4.4.1　楼层干线施工

综合布线系统的主干缆线不得布放在电梯、供气、供暖管道

竖井中。主干缆线应选用带门的封闭性的专用通道敷设,以保证通信线路的安全运行和维护管理。因此,在大型建筑中,都采用电缆竖井或弱电间等作为主干缆线敷设通道。综合布线系统上升部分有上升管路、电缆竖井和弱电间 3 种类型。建筑物干线管槽系统通常采用槽道、桥架或管路。

1. 上升管路设计安装

上升管路通常适用于信息业务量较小,今后发展较为固定的中、小型智能化建筑,尤其是楼层面积不大、楼层层数较多的塔楼或由各种功能组合成的分区式建筑群体。采用明敷管路的方式。

装设位置一般选择在综合布线系统线缆较集中的地方,宜在较隐蔽角落的公用部位(如走廊、楼梯间或电梯厅等附近),在各个楼层的同一地点设置;不得在办公室或客房等房间内设置,更不宜过于邻近垃圾道、燃气管、热力管和排水管以及易爆、易燃的场所,以免造成危害和干扰等后患。

上升管路是综合布线系统建筑物干线子系统线缆提供保护和支持的专用设施,既要与各个楼层的楼层配线架(或楼层配线接续设备)互相配合连接,又要与各楼层管理相互衔接。上升管路可采用钢管或硬聚氯乙烯塑料管,在屋内的保护高度不应小于 2m,用钢管卡子等固定,其间距为 1m。上升管路的设计安装如图 4-5 和图 4-6 所示。

明敷管路如在同一路由上,当多根排列敷设时,要求排列整齐、布置合理、横平竖直,且要求固定点(支撑点)的间距均匀。支撑点的间距应符合标准规定。

2. 在电缆竖井内安装

在特大型或重要的高层智能建筑中,一般均有设备安装的区域,设置各种管线。它们是从地下底层到建筑物顶部楼层,形成一个自上而下的深井。

综合布线系统的主干线路在竖井中一般有以下几种安装

方式。

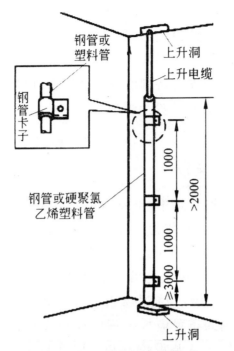

图 4-5　上升管路直接敷设

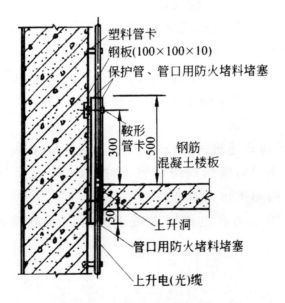

图 4-6　塑料保护管敷设方法

（1）将上升的主干电缆或光缆直接固定在竖井的墙上，它适用于电缆或光缆条数很少的综合布线系统。

（2）在竖井墙上装设走线架，上升电缆或光缆在走线架上绑扎固定，它适用于较大的综合布线系统。在有些要求较高的智能化建筑的竖井中，须安装特制的封闭式槽道，以保证线缆安全。

（3）在竖井墙壁上设置上升管路，这种方式适用于中型的综合布线系统。

3.在弱电间内安装

在大、中型高层建筑中，可以利用公用部分的空余地方，划出只有几平方米的小房间作为上升房，在上升房的一侧墙壁和地板处预留槽洞，作为上升主干缆线的通道，专供综合布线系统的垂直干线子系统的线缆安装使用。在上升房内布置综合布线系统的主干线缆和配线接续设备需要注意以下几点。

（1）上升房内的布置应根据房间面积大小、安装电缆或光缆的条数、配线接续设备装设位置和楼层管路的连接、电缆走线架或槽道的安装位置等合理设置。

（2）上升房为综合布线系统的专用房间，不允许无关的管线和设备在房内安装，避免对通信线缆造成危害和干扰，保证线缆和设备安全运行。上升房内应设有 220V 交流电源设施，其照度应不低于 201x。为了便于维护、检修，可以利用电源插座采取局部照明，以提高照度。

（3）上升房式建筑物中一个上、下直通的整体单元结构，为了防止火灾发生时沿通信线缆延燃，应按国家防火标准的要求，采取切实有效的隔离防火措施。

图 4-7 所示为在电缆竖井或上升房内安装梯式桥架的示意图。

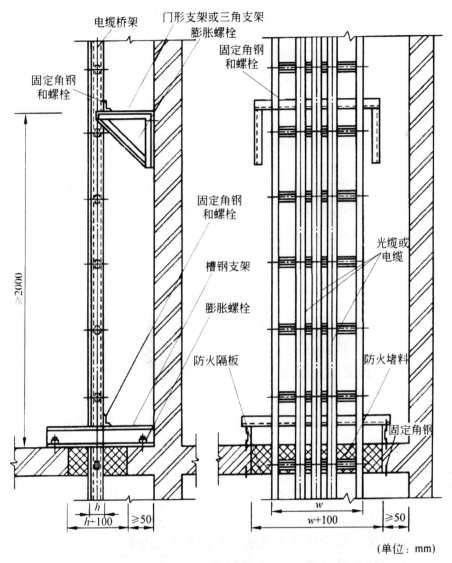

图 4-7 在电缆竖井或上升房内安装梯式桥架的示意图

4.4.2 设备间内的布线施工

设备间内线缆的敷设方式主要有活动地板、预埋管路、机架走线架和地板或墙壁内沟槽等方式,应根据房间内设备布置和缆线走向的具体情况,分别选用不同的敷设方式,具体实施可参考

3.2.3 设备间内的线缆敷设。

4.5 建筑群干线光缆的布线施工

4.5.1 建筑群干线光缆的施工方法

建筑群之间的干线光缆有架空敷设、光缆通过进线间引入建筑物和墙壁敷设等方法。在综合布线系统中,光缆主要应用于水平子系统、干线子系统、建筑群子系统的场合。光缆布线技术在某些方面与主干电缆的布线技术类似。

1.光缆的户外施工

较长距离的光缆布设必须要有很完备的设计和施工图纸,以便施工和今后检查方便可靠。

(1)户外架空光缆施工,包括以下几种施工方式。

①吊线托挂架空方式,该方式简单便宜,但挂钩加挂、整理较费时。

②吊线缠绕式架空方式,该方式较稳固,但需要专门的缠扎机。

③自承重式架空方式,对线杆要求高,施工、维护难度大,造价高。

(2)户外管道光缆施工,有以下几个注意事项。

①施工前应核对管道占用情况,同时放入牵引线。

②一定要有足够的预留长度,详见表 4-7。

③一次布放长度不要太长,从中间向两边牵引。

④管道光缆也要注意可靠接地。

⑤光缆引入和引出处须加顺引装置,不可直接拖地。

表 4-7 光缆长度表

自然弯曲增加长度(m/km)	入孔内拐弯增加长度(m/孔)	接头重叠长度(m/侧)	局内预留长度(m)	注
5	0.5~1	8~10	15~20	其他余留安设计预留

（3）直接地埋光缆的布设时应注意以下几个方面。

①直埋光缆沟深度要按标准进行挖掘,标准见表 4-8。

②不能挖沟的地方可以架空或钻孔预埋管道布设。

③沟底应保正平缓坚固,需要时可预填一部分沙子、水泥或支撑物。

④布设时可用人工或机械牵引,但要注意导向和润滑。

⑤布设完成后,应尽快回土覆盖并夯实。

表 4-8　直埋光缆埋深标准

布设地段或土质	埋深（m）	备注
普通土（硬土）	≥1.2	
半石质（沙砾土、风化石）	≥1.0	
全石质	≥0.8	从沟底加垫 10cm 细土或沙土
市郊、流沙	≥0.8	
村镇	≥1.2	
市内人行道	≥1.0	
穿越铁路、公路	≥1.2	距道渣底或距路面
沟、渠、塘	≥1.2	
农田排水沟	≥0.8	

（4）埋地光缆保护管材如图 4-8 所示。

图 4-8　埋地光缆保护管材

2.架空光缆的敷设

(1)架空光缆敷设前的准备

架空光缆不论是采用自承式还是非自承式,在敷设缆线前都应做好以下准备工作,以有利于施工的顺利进行,并且能保证工程质量和提高工效。

①准备材料、工具和设备。

②检查客观环境的施工条件是否具备。

③立杆或对已有架空杆路进行检查和整修加固。

④架空光缆的施工方法。

国内非自承式光缆是采用光缆挂钩将光缆拖挂在光缆吊线上,即托挂式施工方法。国内通信工程业界将托挂式施工方法又细分为汽车牵引、人力辅助的动滑轮拖挂法(简称汽车牵引动滑轮拖挂法)、动滑轮牵引便放边挂法、定滑轮拖挂法和预挂挂钩托挂法等几种,应视工程环境和施工范围及客观条件等来选定哪种施工方法更合适。

·汽车牵引动滑轮拖挂法。这种方法适合于施工范围较大、敷设距离较长、光缆重量较重,且在架空杆路下面或附近无障碍物及车辆和行人较少,可以行驶汽车的场合。受客观条件限制较多,在智能化小区采用较少,如图 4-9 所示。

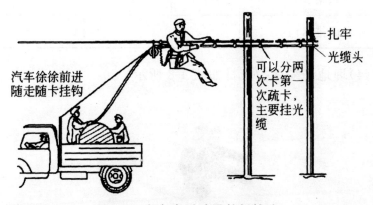

图 4-9　汽车牵引动滑轮托挂法

·动滑轮牵引边放边挂法。这种方法适合于施工范围较小、敷设距离较短、架空杆路下面或附近无障碍物,但不能通行车辆的场合。所以,这种方法是在智能化小区较为常用的一种敷设缆线方法,如图 4-10 所示。

扎牢

图 4-10　动滑轮边放边挂法

•定滑轮托挂法。这种方法适用于敷设距离较短、缆线本身重量不大,但在架空杆路下有障碍物,施工人员和车辆都不能通行的场合,如图 4-11 所示。

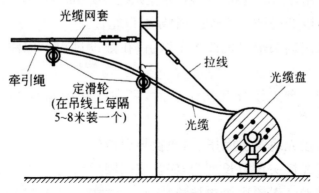

光缆网套

牵引绳

定滑轮
(在吊线上每隔
5~8米装一个)

拉线

光缆盘

光缆

图 4-11　定滑轮托挂法

•预挂挂钩托挂法。这种方法适用于敷设距离较短,一般不超过 200～300m,因架空杆路的下面有障碍物,施工人员无法通行,采取吊挂光缆前,先在吊线上按规定间距预挂光缆挂钩,但须注意挂钩的死钩应逆向牵引,防止在预挂的光缆挂钩中牵引光缆时,拉泡移动光缆挂钩的位置或被牵引缆线撞掉。必要时,应调整光缆挂钩的间距,如图 4-12 所示。这种方法在智能化小区内较为常用。

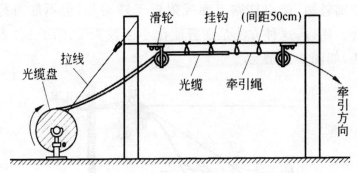

图 4-12　预挂挂钩托挂法

（2）架空光缆的施工方法

非自承式架空光缆常采用动滑轮牵引边放边挂法和定滑轮托挂法，这两种方法都适用于电杆下不通行汽车的情况。自承式架空光缆常采用定滑轮托挂法。

1）定滑轮托挂法的施工步骤。

①采用导向滑轮和导向索，并在光缆始端和终点上各安装滑轮。

②每隔 20～30m 安装一个导引滑轮。

③采用端头牵引机或人工牵引，在敷设过程中应注意控制牵引张力。

④当一盘光缆分几次牵引时，可在线路中盘成"∞"形分段牵引。

⑤每盘光缆牵引完毕后，替换导引滑轮。

⑥光缆接头预留长度为，应盘成圆圈后用扎线固定在杆上。

2）动滑牵引轮边放边挂法。

对于杆下障碍不多的情况，可采用杆下牵引法，即动滑轮边放边挂法。施工步骤如下：

①将光缆盘置于一段光路的中点，采用机械牵引或人工牵引将光缆牵引至一端预定位置，然后将盘上余缆倒下，盘成"∞"形，再向反方向牵引至预定位置。

②边安装光缆挂钩，边将光缆挂于吊线上。

③在挂设光缆的同时，将杆上预留、挂钩间距一次完成，并做好接头预留长度的放置和端头处理。

3) 预挂钩光缆牵引步骤如下所示。

① 在杆路准备时就将挂钩安装于吊线上。

② 在光缆盘及牵引点安装导向索及滑轮。

③ 将牵引绳穿过挂钩,预放在吊线上,敷设光缆时与光缆牵引端头连接。

④ 预留光缆。详见前述架空光缆的敷设要求。

⑤ 安装附件。

⑥ 完成。

3.墙壁光缆施工

墙壁光缆的敷设方式有贴壁卡子式和沿壁吊挂式。吊挂式根据光缆的结构不同,又分为非自承式和自承式两种,它与一般架空光缆敷设方法相似。

(1)卡子式墙壁光缆的施工方法

1) 光缆卡子的间距,一般在光缆的水平方向为 60cm,垂直方向为 100cm,遇有其他特殊情况可酌情缩短或增长间距。

2) 当光缆水平方向敷设时,光缆卡子和塑料线码的钉眼位置应在光缆下方;当光缆垂直方向敷设时,光缆卡子和塑料线码的钉眼位置应与附近水平方向敷设的光缆卡子钉眼在光缆的同一侧,如图 4-13 所示。

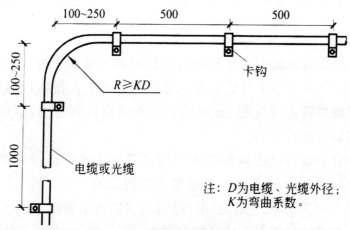

图 4-13　卡子式墙壁光(电)缆(单位:mm)

3)当光缆必须垂直敷设时,应尽量将其放在墙壁的内角,不宜选择在墙壁的外角附近,不得已时,光缆垂直的位置距外墙角边缘应不小于50cm。

4)卡子式墙壁光缆在屋内敷设,当须穿越楼板时,其穿越位置应选择在楼梯间、走廊等公共地方,且应尽量避免在房间内穿越楼板。在垂直穿越楼板处时,光缆应设有钢管保护,其上部保护高度不得小于2m。

5)在屋内同一段落内,尽量不采用两条墙壁光缆平行敷设的方法。这时,可采用特制的双线光缆卡子同时固定两条光缆的安装方法。

6)卡子式墙壁光缆在门窗附近敷设时,应不影响门窗的关闭和开启,并应注意美观。在屋外墙上敷设的位置,一般选择在阳台或窗台等间断或连续的凸出部位上布置。不论在屋内或屋外墙壁上敷设光缆,都应选择在较隐蔽的地方。

(2)非自承式吊挂式墙壁光缆的施工方法

吊挂式墙壁光缆分为非自承式和自承式两种。非自承式墙壁光缆的敷设形式是指将光缆用光缆挂钩等器件悬挂在光缆吊线下,它与一般架空杆路上的架空光缆装设方法相似,光缆和其他器件也是与架空光缆基本相同。

4.光缆通过进线间引入建筑物

(1)光缆引入建筑物

综合布线系统引入建筑物内的管理部分通常采用暗敷方式。引入管路从室外地下通信电缆管道的人孔或手孔接出,经过一段地下埋设后进入建筑物,由建筑物的外墙穿放到室内,这就是引入管路的全部。

综合布线系统建筑物引入口的位置和方式的选择需要会同城建规划和电信部门确定,并应留有扩展余地。

图4-14所示为管道光(电)缆引入建筑物示意图。图4-15所示为直埋光(电)缆引入建筑物示意图。

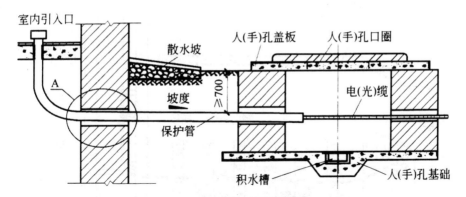

图 4-14　管道光（电）缆引入建筑物示意图

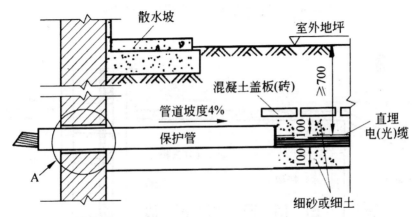

图 4-15　直埋电（光）缆引入建筑物示意图

（2）光缆从室外引入设备间的方法

在很多情况下，光缆引入口和设备间距离较远，这时需要进线间，光缆由进线间敷设至机房的光缆配线架（ODF）。因光缆引上不能光靠最上层拐弯部位受力固定，即要沿爬梯引上，并作适当绑扎。光缆在爬梯上，在可见部位应在每支横铁上用粗细适当的轧带绑扎。对拐弯受力部位，还应套胶管保护。在进线间可将室外光缆转换为室内光缆，也可引至光缆配线架进行转换。如图 4-16 和图 4-17 所示。

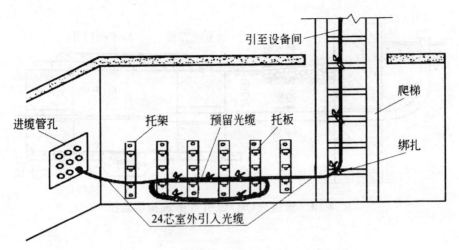

图 4-16 在进线间将室外光缆引入到设备间

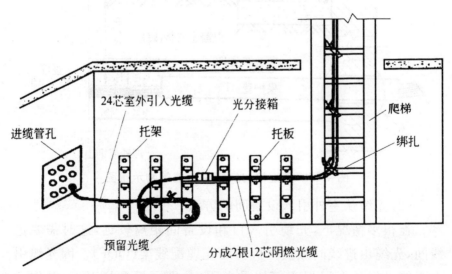

图 4-17 在进线间将室外光缆转换为室内光缆

当室外光缆引入口位于设备间,不必设进线间,室外光缆可直接端接于光缆配线架上,或经由一个光缆进线设备箱(分接箱),转换为室内光缆后再敷设至主配线架或网络交换机,并由竖井布放至楼层电信间,如图 4-18 所示。

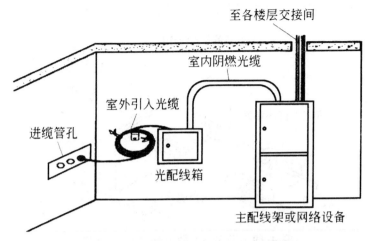

图 4-18　敷设至主配线架或网络交换机

　　光缆布放应有冗余,一般室外光缆引入时预留长度为 5～10m,室内光缆在设备端预留长度为 3～5m。在光缆配线架中,通常都有盘纤装置。电信间、设备间、进线间之间干线通道应沟通。

4.5.2　光缆的终端和连接

　　光纤具有高带宽、传输性能优良、保密性好等优点,广泛应用于综合布线系统中。建筑群子系统、干线子系统等经常采用光缆作为传输介质,因此在综合布线工程中往往会遇到光缆端接的场合。光缆端接的形式主要有光缆与光缆的续接、光缆与连接器的连接两种形式。

　　1.光缆连接器制作工艺和材料

　　(1)光缆连接器简介

　　光缆连接器可分为单工、双工、多通道连接器,单工连接器只连接单根光纤,双工连接器连接两根光纤,多通道连接器可以连接多根光纤。光缆连接器包含光纤接头和光纤耦合器。如图 4-19 所示为双芯 ST 型连接器连接的方法,两个光缆接头通过光纤耦合器实现对准连接，以实现光缆通道的连接。

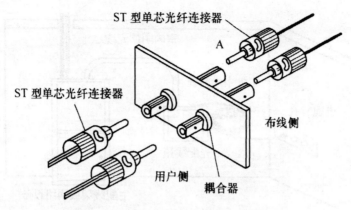

ST 型单芯光纤连接器

A

ST 型单芯光纤连接器

布线侧

用户侧　耦合器

图 4-19　双芯 ST 型连接器连接方法

在综合布线系统中应用最多的光缆接头是以 2.5mm 陶瓷插针为主的 FC、ST 和 SC 型接头，以 LC、VF-45、MT-RJ 为代表的超小型光缆接头应用也逐步增长。各种常见的光缆接头连接器如图 4-20 所示。

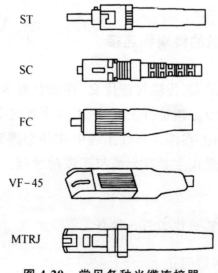

ST

SC

FC

VF-45

MTRJ

图 4-20　常见各种光缆连接器

ST 型连接器是综合布线系统经常使用的光纤连接器，一它代表性的产品是由美国贝尔实验室开发研制的 ST Ⅱ型光缆连接器。ST Ⅱ型光纤接头的部件如图 4-21 所示，包含如下：

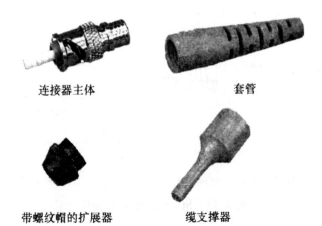

连接器主体　　　　　　　　套管

带螺纹帽的扩展器　　　　缆支撑器

图 4-21　ST　Ⅱ型光缆接头的部件

①连接器主体。

②用于 2.4mm 和 3.0mm 直径的单光纤缆的套管。

③缓冲层光纤缆支撑器。

④带螺绞帽的扩展器。

FC 光缆连接器是由日本 NTT 公司研制,其外部加强方式是采用金属套,紧固方式为螺丝扣。FC 连接器结构简单,操作方便,但光纤端面对微尘较为敏感,FC 连接器如图 4-22 所示。

图 4-22　FC 型光缆连接器

SC 光缆接头的部件,如图 4-23 所示,包含如下:

①连接器主体。

②束线器。

③挤压套管。

④松套管。

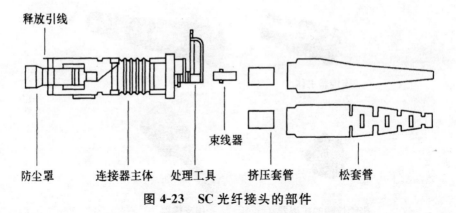

图 4-23　SC 光纤接头的部件

　　LC 型连接器是由美国贝尔研究室开发出来的,目前在单模光纤连接方面,LC 型连接器实际已经占据了主导地位,在多模光纤连接方面的应用也迅速增长。LC 型连接器如图 4-24 所示。

图 4-24　LC 型光纤连接器

　　MT-RJ 光缆连接器是一种超小型的光纤连接器,主要用于数据传输的高密度光纤连接场合。它起步于 NTT 公司开发的 MT 连接器,成型产品由美国 AMP 公司首先设计出来。它通过安装于小型套管两侧的导向销对准光纤,为便于与光收发装置相连,连接器端面光纤为双芯排列设计。MT-RJ 光缆连接器如图 4-25 所示。

图 4-25　MT-RJ 光缆连接器

VF-45 光缆连接器是由 3M 公司推出的小型光纤连接器,主要用于全光纤局域网络,如图 4-26 所示。VF-45 连接器的优势是价格较低,制作简易,快速安装,只需要 2min 即可制作完成。

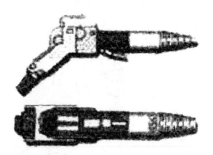

图 4-26　VF-45 光纤连接器

(2)光缆连接器制作工艺

光缆连接器有陶瓷和塑料两种材质,它的制作工艺主要有磨接和压接两种方式。磨接方式是光纤接头传统的制作工艺,它的制作工艺较为复杂,制作时间较长,但制作成本较低。压接方式是较先进的光纤接头制作工艺,如 IBDN、3M 的光纤接头均采用压接方式。压接方式制作工艺简单,制作时间快,但成本高于磨接方式,压接方式的专用设备较昂贵。

对于光缆连接工程量较大且要求连接性能较高的场合,经常使用熔纤技术来实现光纤接头的制作。使用熔纤设备可以快速地将尾纤(连接单光纤头的光纤)与光纤续接起来。

2.光缆连接器磨接制作技术

采用光缆磨接技术制作的光纤连接器有 SC 光缆接头和 ST 晃纤接头两类,以下为采用光纤磨接技术制作 ST 光纤接头的过程。

(1)布置好磨接光缆连接器所需要的工作区,要确保平整、稳定。

(2)使用光纤环切工具,环切光缆外护套,如图 4-27 所示。

(3)从环切口处,将已切断的光缆外护套滑出,如图 4-28 所示。

(4)安装连接器的缆支撑部件和扩展器帽,如图 4-29 所示。

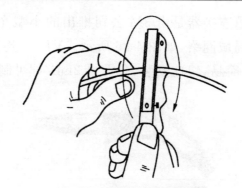

图 4-27　环切光缆外护套

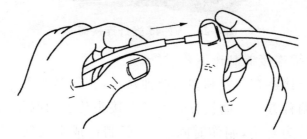

图 4-28　将光缆外护套滑出

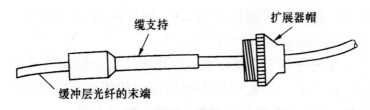

图 4-29　安装缆支撑部件和扩展器帽

（5）将光纤套入剥线工具的导槽并通过标尺定位要剥除的长度后，闭合剥线工具将光纤的外衣剥去，如图 4-30 所示。

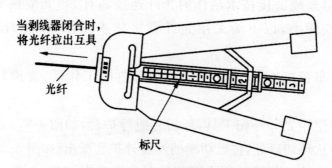

图 4-30　用剥线工具将光纤外衣剥除

（6）用浸有纯度 99％以上乙醇擦拭纸细心地擦拭光纤两次，如图 4-21 所示。

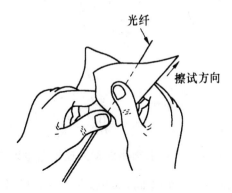

图 4-31　擦拭光纤

（7）使用剥线工具，逐次剥去光纤的缓冲层，如图 4-32 所示。

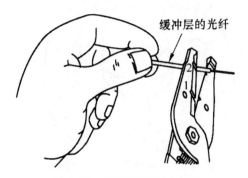

图 4-32　剥除光纤缓冲层

（8）将光纤存放在保护块中，如图 4-33 所示。

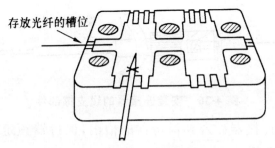

图 4-33　光纤存放在保护块中

（9）将环氧树脂注射入连接器主体内，直至在连接器尖上冒出环氧树脂泡，如图 4-34 所示。

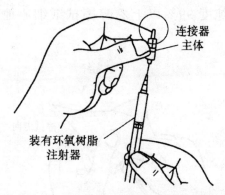

图 4-34　将环氧树脂注射入连接器主体内

（10）把已剥除好的光纤插入连接器中，如图 4-35 所示。

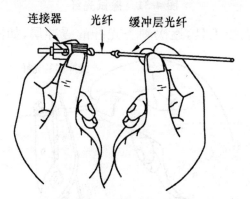

图 4-35　将光纤插入连接器中

（11）组装连接器的缆支撑，加上连接器的扩展器帽，如图 4-36 所示。

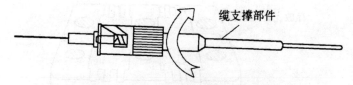

图 4-36　安装连接器的缆支撑部件

（12）将连接器插入到保持器的槽内，保持器锁定到连接器上去，如图 4-37 所示。

（13）将已锁到保持器中的组件放到烘烤箱端口中，进行加热烘烧，如图 4-38 所示。

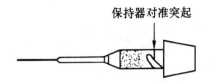

图 4-37 将保持器锁定到连接器上去

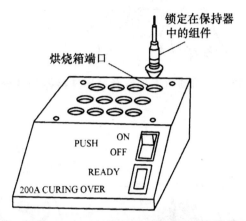

图 4-38 将已锁到保持器中的组件放到烘烧箱端口中

(14)烘烧完成后,将已锁在保持器内组件插入保持块内进行冷却,如图 4-39 所示。

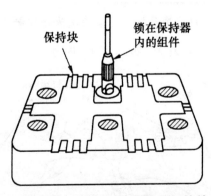

图 4-39 将锁在保持器内组件插入保持块内冷却

(15)使用光纤刻断工具将插入连接器中突出部分的光纤进行截断,如图 4-40 所示。

(16)将光纤连接器头朝下插入打磨器件内,然后用 8 字形运动在专用砂纸上进行初始磨光,如图 4-41 所示。

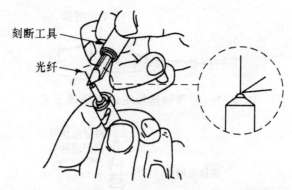

图 4-40　使用刻断工具截断突出连接器的部分光纤

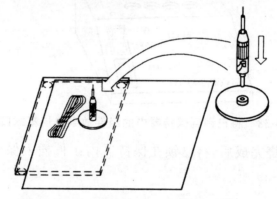

图 4-41　用 8 字形运动来磨光连接器接头

(17)检查连接器尖头,如图 4-42 所示。

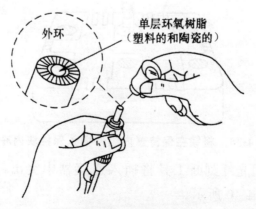

图 4-42　检查连接器尖头

(18)将连接器插入显微镜中,观察连接器接头端面是否符合要求,如图 4-43 所示。通过显微镜可以看到放大的连接器端面,根据看到的图像可以判断端面是否合格,如图 4-44 所示。

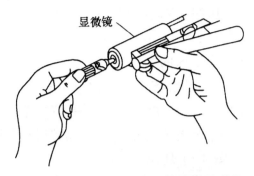

图 4-43　用显微镜检查连接器接头端面

合格的端面　　　　　不合格的端面

图 4-44　显微镜下合格端面和不合格端面的图像

(19)用罐装气吹除耦合器中的灰尘,如图 4-45 所示。

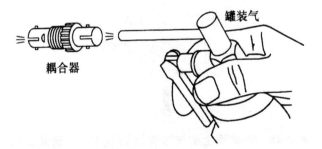

图 4-45　用罐装气吹除耦合器中的灰尘

(20)将 ST 连接器插入耦合器,如图 4-46 所示。

已磨接好的 ST 型接头　　　耦合器　　　已磨接好的 ST 型接头

图 4-46　900μm 接头插入耦合器内进行端接

3.光缆连接器压接制作技术

光缆连接器的压接技术以 IBDN 和 3M 公司为代表,下面以 IBDN Optimax 现场安装 $900\mu m$ 缓冲层光纤 ST 连接器安装过程为例详细地介绍压接技术的实施过程。

(1)检查安装工具是否齐全,打开 $900\mu m$ 光纤连接器的包装袋,检查连接器的防尘罩是否完整。如果防尘罩不齐全,则不能用来压接光纤。$900\mu m$ 光纤连接器主要由连接器主体、后罩壳、$900\mu m$ 保护套,如图 4-47 所示。

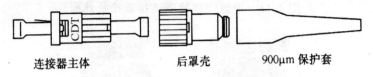

连接器主体　　　　　后罩壳　　　　900μm 保护套

图 4-47　900μm 光纤连接器组成部件

(2)将夹具固定在设备台或工具架上,旋转打开安装工具直至听到咔嗒声,接着将安装工具固定在夹具上,如图 4-48 所示。

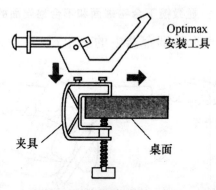

Optimax 安装工具

夹具

桌面

图 4-48　在桌面上安装带夹具的 Optimax 安装工具

(3)拿住连接器主体保持引线向上,将连接器主体插入安装工具,同时推进并顺时针旋转 $45°$,把连接器锁定在位置上,如图 4-49 所示。注意不要取下任何防尘盖。

(4)将 $900\mu m$ 保护套紧固在连接器后罩壳后部,然后将光纤平滑地穿入保护套和后罩壳组件,如图 4-50 所示。

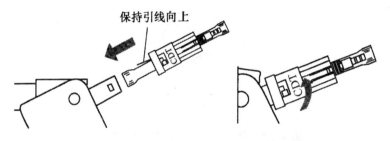

（a）连接器插入安装工具内　　（b）顺时针旋转 45° 后固定连接器

图 4-49　将连接器主体插入安装工具内并固定位置

（a）保护套紧固在后罩壳后面　　（b）光纤平滑穿入已固定的后罩壳组件

图 4-50　保护套与后罩壳连接成组件并穿入光纤

（5）使用剥除工具从 $900\mu\mathrm{m}$ 缓冲层光纤的末端剥除 40mm 的缓冲层，为了确保不折断光纤可按每次 5mm 逐段剥离。剥除完成后，从缓冲层末端测量 9mm 并做上标记，如图 4-51 所示。

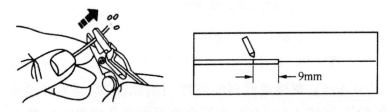

（a）从末端剥除 40mm 光纤缓冲层　　（b）从末端测量 9mm 并做标记

图 4-51　剥除光纤缓冲层并做标记

（6）用一块折叠的乙醇擦拭布清洁裸露的光纤两到三次，不要触摸清洁后的裸露光纤，如图 4-52 所示。

（7）使用光缆切割工具将光纤从末端切断 7mm，然后使用镊子将切断的光纤放入废料盒内，如图 4-53 所示。

图 4-52   用乙醇擦拭布清洁光纤

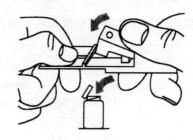

图 4-53   使用光纤切割工具切断光纤

(8)将已切割好的光缆插入显微镜中进行观察,如图 4-54 所示。

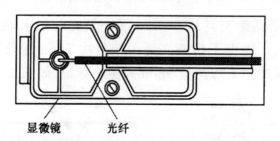

显微镜   光纤

图 4-54   将已切割好的光缆插入显微镜中进行观察

(9)通过显微镜观察到的光纤切割端面,判断光纤端面是否符合要求,如图 4-55 所示,为不合格端面和合格端面的图像。

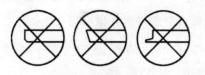

不合格的切割端面   合格的切割端面

图 4-55   观察光纤切割端面是否符合要求

(10)将连接器主体的后防尘罩拔除并放入垃圾箱内,如图

4-56 所示。

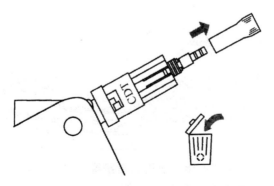

图 4-56　取掉连接器主体的后防尘罩

(11)小心将裸露的光纤插入到连接器芯柱直到缓冲层外部的标志恰好在芯柱外部,然后将光纤固定在夹具中可以允许光纤轻微弯曲以便光纤充分连接,如图 4-57 所示。

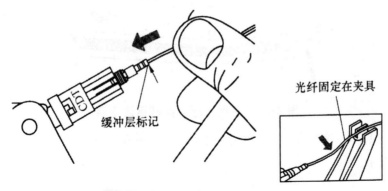

缓冲层标记

光纤固定在夹具

图 4-57　将光纤插入连接器芯柱内

(12)压下安装工具的助推器,钩住连接器的引线,轻轻地放开助推器,通过拉紧引线可以使连接器内光纤与插入的光纤连接起来,如图 4-58 所示。

(13)小心地从安装工具上取下连接器,水平地拿着挤压工具并压下工具直至"哒哒哒"三声响,将连接器插入挤压工具的最小的槽内,用力挤压连接器,如图 4-59 所示。

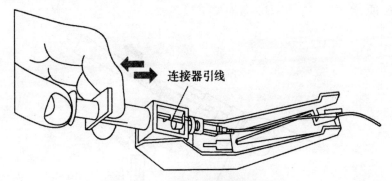

图 4-58   使用助推器钩住引线

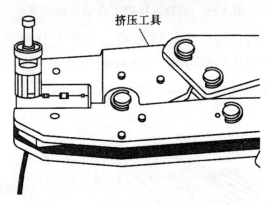

图 4-59   使用挤压工具挤压连接器

（14）将连接器的后罩壳推向前罩壳并确保连接固定，如图 4-60 所示。

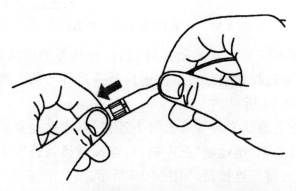

图 4-60   将连接器的后罩壳与前罩壳连接

4.6　综合布线系统的管理与标识

在综合布线系统设计规范中,强调了管理。管理是针对设备间、电信间和工作区的配线设备、电缆、信息插座等设施,按一定的模式进行标识和记录的规定。

在每个交接区实现线路管理的方式是各色标区域之间按应用的要求,采用跳线连接,色标用来区分配线设备的性质,分别由性质划分的接线模块组成,且按垂直或水平结构进行排列。

布线系统中有五个部分需要标识:线缆(电信介质)、通道(走线槽/管)、空间(设备间)、端接硬件(电信介质终端)和接地。五者的标识相互联系,互为补充,而每种标识的方法及使用的材料又各有各的特点。特别是规模大和复杂的综合布线系统,同一采用计算机进行管理,其效果非常明显。

目前,市场上所留标识的宽度大不相同,因此在选择标识时,应注意宽度和高度。对于较大布线工程管理在做标识管理时要注意,电缆和光缆的两端均应标明相同的编号。

4.7　电缆敷设技术

4.7.1　电线的敷设方法

1.线缆牵引技术

在线缆布设之前,建筑物内的各种暗敷的管路和槽道已安装完成,因此线缆要布设在管路或槽道内就必须使用线缆牵引技术。为了方便线缆牵引,在安装各种管路或槽道时已内置了一根拉绳(一般为钢绳),使用拉绳可以方便地将线缆从管道的一端牵引到另一端。

根据施工过程中布设的电缆类型,可以使用三种牵引技术,即牵引 4 对双绞线电缆、牵引单根 25 对双绞线电缆、牵引多根 25 对或更多对线电缆。

(1)牵引 4 对双绞线电缆,具体操作步骤如下:

①将多根双绞线电缆的末端缠绕在电工胶布上,如图 4-61 所示。

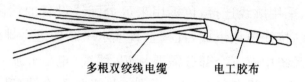

多根双绞线电缆　　　　电工胶布

图 4-61　用电工胶布缠绕多根双绞线电缆的末端

②在电缆缠绕端绑扎好拉绳,然后牵引拉绳,如图 4-62 所示。

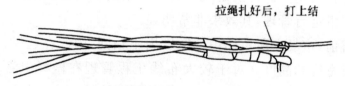

拉绳扎好后,打上结

图 4-62　将双绞线电缆与拉绳绑扎固定

(2)4 对双绞线电缆的另一种牵引方法也是经常使用的,具体步骤如下。

①剥除双绞线电缆的外表皮,并整理为两扎裸露金属导线,如图 4-63 所示。

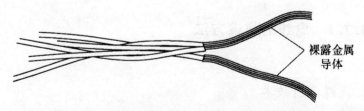

裸露金属
导体

图 4-63　剥除电缆外表皮得到裸露金属导体

②将金属导体编织成一个环,拉绳绑扎在金属环上,然后牵引拉绳,如图 4-64 所示。

编织成金属环

图 4-64　编织成金属环以供拉绳牵引

（3）牵引单根 25 对双绞线电缆，主要方法是将电缆末端编制成一个环，然后绑扎好拉绳后，牵引电缆，具体的操作步骤如下所示。

①将电缆末端与电缆自身打结成一个闭合的环，如图 4-65 所示。

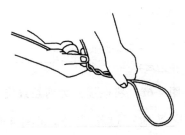

图 4-65　电缆末端与电缆自身打结为一个环

②用电工胶布加固，以形成一个坚固的环，如图 4-66 所示。

用电工胶布将
缠绕部分绑好

图 4-66　用电工胶布加固形成坚固的环

③在缆环上固定好拉绳，用拉绳牵引电缆，如图 4-67 所示。

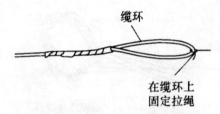

图 4-67   在缆环上固定好拉绳

（4）牵引多根 25 对双绞线电缆或更多线对的电缆，主要操作方法是将线缆外表皮剥除后，将线缆末端与拉绳绞合固定，然后通过拉绳牵引电缆，具体操作步骤如下：

①将线缆外表皮剥除后，将线对均匀分为两组线缆，如图 4-68 所示。

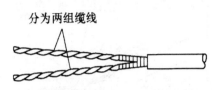

图 4-68   将电缆分为两组线缆

②将两组线缆交叉地穿过接线环，如图 4-69 所示。

图 4-69   两组线缆交叉地穿过接线环

③将两组线缆缠纽在自身电缆上，加固与接线环的连接，如图 4-70 所示。

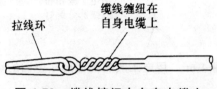

图 4-70   缆线缠纽在自身电缆上

④在线缆缠纽部分紧密缠绕多层电工胶布，以进一步加固电缆与接线环的连接，如图 4-71 所示。

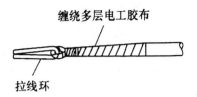

图 4-71　在电缆缠纽部分紧密缠绕电工胶布

2.电缆水平布线技术

(1)确定布线路由

①沿着所设计的布线路由,打开天花板吊顶,用双手推开每块镶板,如图 4-72 所示。为了减轻线缆对天花板吊顶的压力,可使用 J 形钩、吊索及其他支撑物来支撑线缆。

图 4-72　打开天花板吊顶的镶板

②例如,一楼层内共有 12 个房间,每个房间的信息插座安装两条 UTP 电缆,则共需要一次性布设 24 条 UTP 电缆。为了提高布线效率,如图 4-73 所示分组堆放在一起,可将 24 箱线缆放在一起并使线缆接管嘴向上。

③为了方便区分电缆,在电缆的末端应贴上标签以注明来源地,在对应的线缆箱上也写上相同的标注。

④在离楼层管理间最远的一端开始,拉到管理间。

⑤电缆从信息插座布放到管理间并预留足够的长度后,从线缆箱一端切断电缆,然后在电缆末端上贴上标签并标注上与线缆箱相同的标注信息。

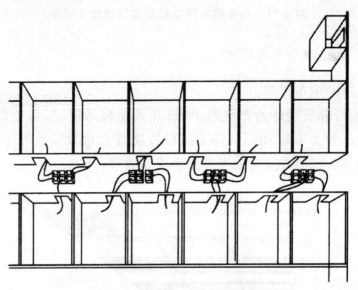

图 4-73　分组堆放电缆箱

(2)暗道布线

暗道布线方式是在建筑物浇筑混凝土时把管道预埋在地板内,管道内附有牵引电缆线的钢丝或铁丝。施工人员只需根据建筑物的管道图纸来了解地板的布线管道系统,确定布线路由,就可以确定布线施工的方案。

3.主干线缆布线技术

干线电缆提供了从设备间到每个楼层的水平子系统之间信号传输的通道,主干电缆通常安装在竖井通道中。在竖井中布设干线电缆一般有两种方式:向下垂放电缆和向上牵引电缆。

(1)向下垂放电缆

如果干线电缆经由垂直孔洞向下垂直布放,则具体操作步骤如下:

①首先把线缆卷轴搬放到建筑物的最高层。

②在离楼层的垂直孔洞处安装线缆卷轴。

③在线缆卷轴处安排人员引寻下垂的线缆。

④开始旋转卷轴，将线缆从卷轴上拉出。

⑤将拉出的线缆引导进竖井中的孔洞，如图 4-74 所示。

⑥慢慢地从卷轴上放缆并进入孔洞向下垂放。

⑦继续向下垂放线缆，将线缆引入各层的孔洞。

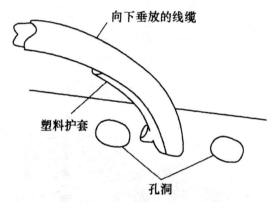

图 4-74　在孔洞中安放塑料保护套

如果干线电缆经由一个大孔垂直向下布设，就无法使用塑料保护套，最好使用一个滑车轮，通过它来下垂布线，具体操作如下：

①在大孔的中心上方安装上一个滑轮车，如图 4-75 所示。

②将线缆从卷轴拉出并绕在滑轮车上。

③按上面所介绍的方法牵引线缆穿过每层的大孔。

④把每层上的线缆绕成卷放在架子上固定起来，等待以后的端接。

（2）向上牵引电缆

向上牵引线缆可借用电动牵引绞车将干线电缆从底层向上牵引到顶层，如图 4-76 所示。具体的操作步骤如下：

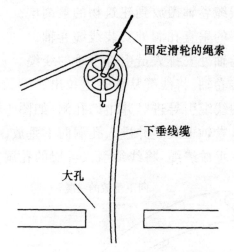

图 4-75　在大孔上方安装滑轮车

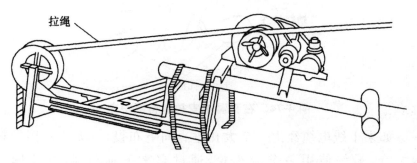

图 4-76　电动牵引绞车向上牵引线缆

①先往绞车上穿一条拉绳。

②启动绞车,拉绳向下垂放直到安放线缆的底层。

③将线缆与拉绳牢固地绑扎在一起。

④启动绞车,慢慢地将线缆通过各层的孔洞向上牵。

⑤线缆的末端到达顶层时,停止绞车。

⑥在地板孔边沿上用夹具将线缆固定好。

⑦当所有连接制作好之后,从绞车上释放线缆的末端。

4.7.2　电缆的终端和连接

电缆的连接离不开信息模块,它是信息插座的主要组成部件,它提供了与各种终端设备连接的接口。连接终端设备类型不同,安装的信息模块的类型也不同。在这里主要介绍常用的连接计算机的信息模块。

1.信息模块简介

连接计算机的信息模块根据传输性能的要求,可以分为五类、超五类、六类信息模块。各厂家生产的信息模块的结构有一定的差异性,但功能及端接方法是相类似的。如图 4-77 所示为 AVAYA 超五类信息模块,压接模块时可根据色标按顺序压放 8 根导线到模块槽位内,然后使用槽帽压接进行加固。这种模块压接方法简单直观且效率高。

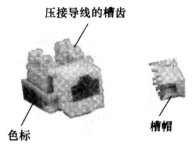

图 4-77　AVAYA 模块结构

图 4-78 所示为 IBDN 的超五类(GigaFlex5Ev)模块,它是一种新型的压接式模块,具有良好的可靠性和优良传输性能。

图 4-78　IBDN GigaFlex5E 模块

2.信息模块端接技术要点

各厂家的信息模块结构有所差异,因此具体的模块压接方法各不相同,下面介绍 IBDN GigaFlex 模块压接的具体操作步骤。

（1）使用剥线工具，在距线缆末端5cm处剥除线缆的外皮，如图 4-79 所示。

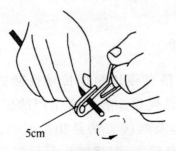

图 4-79　剥除线缆外皮

（2）使用线缆的抗拉线将线缆外皮剥除至线缆末端 10cm，如图 4-80 所示。

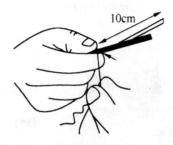

图 4-80　剥除线缆至末端 10cm 处

（3）剪除线缆的外皮及抗拉线，如图 4-81 所示。

图 4-81　剪除线缆的外皮及抗拉线

（4）按色标顺序将 4 个线对分别插入模块的槽帽内，如图 4-82 所示。

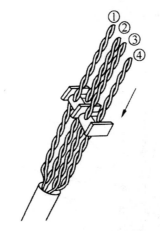

图 4-82 插入模块的槽帽

（5）将模块的槽帽压近线缆外皮，顺着槽位的方向将 4 个线对逐一弯曲，如图 4-83 所示。

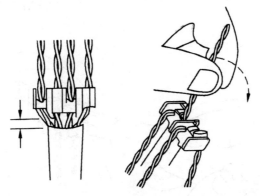

图 4-83 压紧槽帽并整理线对

（6）将线缆及槽帽一起压入模块插座，如图 4-84 所示。

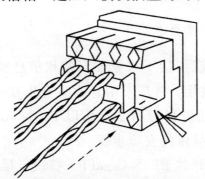

图 4-84 线缆及槽帽一起压入模块插座

（7）将各线对分别按色标顺序压入模块的各个槽位内，如图4-85 所示。

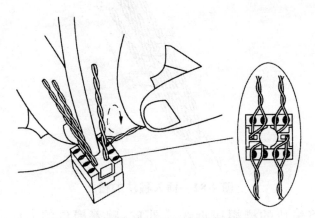

图 4-85　将各线对压入模块各槽位内

（8）使用 IBDN 打线工具加固各线对与插槽的连接，如图 4-86 所示。

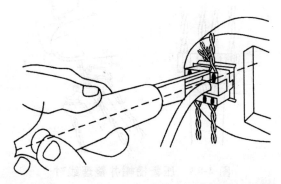

图 4-86　使用打线工具加固线对与插座的连接

3.信息插座安装要求

模块端接完成后，接下来就要安装到信息插座内，以便工作区内终端设备的使用。各厂家信息插座安装方法有相似性，具体可以参考厂家说明资料即可。下面以 IBDN EZ-MDVO 插座安装为例，介绍信息插座的安装步骤。

（1）将已端接好的 IBDN GigaFlex 模块卡接在插座面板槽位内，如图 4-87 所示。

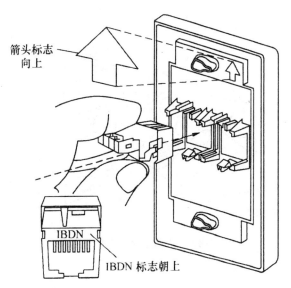

图 4-87　模块卡接到面板插槽内

（2）将已卡接了模块的面板与暗埋在墙内的底盒接合在一起，如图 4-88 所示。

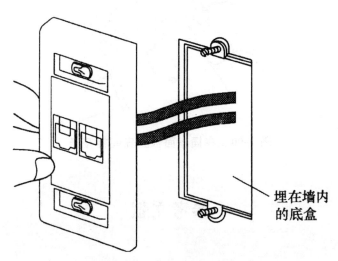

图 4-88　面板与底盒接合在一起

（3）用螺丝将插座面板固定在底盒上，如图 4-89 所示。

（4）在插座面板上安装标签条，如图 4-90 所示。

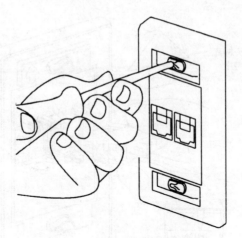

图 4-89　用螺丝固定插座面板

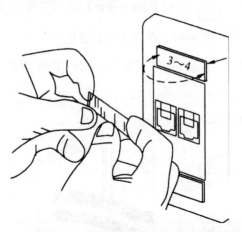

图 4-90　在插座面板上安装标签条

参考文献

[1]黎连业. 网络综合布线系统与施工技术[M]. 北京：机械工业出版社,2007.

[2]吴达金. 综合布线系统工程安装施工手册[M]. 北京：中国电力出版社,2007.

[3]骆耀祖,等,网络系统集成与工程设计[M]. 北京：电子工

业出版社,2005.

[4]梁会亭.网络工程设计与实施[M].北京:机械工业出版社,2008.

[5]李银玲.网络工程规划与设计[M].北京:人民邮电出版社,2012.

[6]刘化君.综合布线系统[M].北京:机械工业出版社,2004.

[7]褚建立.网络综合布线实用技术[M].北京:清华大学出版社,2014.

[8]杨国庆.网络通信与综合布线技术[M].天津:天津大学出版社,2008.

[9]刘天华,孙阳,黄淑伟.网络系统集成于综合布线[M].北京:人民邮电出版社,2008.

第5章　网络综合布线系统的工程监理

建设工程监理是指由具有监理资质的监理单位,在建设单位委托下,依据国家有关法律、法规,以及建设单位的项目建设文件、监理委托合同和相应的其他合同(采购、施工等),对项目建设实施专业化的监督管理。根据国家和地方建设行政主管部门制订的有关工程建设和工程监理的法律、法规的规定,工程施工必须执行工程监理制度,以确保工程的施工质量,控制工程投资。

5.1　监理的职责和服务范围

建设工程监理,简称工程监理,可以理解为对一个工程建设项目,需要采取全过程、全方位、多目标的方式进行公正客观和全面科学的监督管理,即在一个工程建设项目的策划决策、工程设计、安装施工、竣工验收、维护检修等阶段组成的整个过程中,对其投资、工期和质量等多个目标,在事先、中期(又称过程)和事后进行严格控制和科学管理。

5.1.1　综合布线工程监理的职责

工程监理作为一项综合性的管理业务,其主要是在行政法规(如监理法规和合同法等)和各种制度(如财务制度)的约束下,对项目工程进行监督管理。它的具体工作内容不仅包含经济的(如工程概预算定额和各种费率),同时也有技术性(如各种设计和施工技术标准及规范)等各方面监督管理。

在工程建设项目实施过程中,对参与工程监理的单位和从事这项工作的管理人员都要进行严格要求,保证其在遵守相关行政法规、经济指标和技术标准以及有关规定下,能够综合运用法律、经济、行政、技术各个方面的规定要求以及相关政策对所有参与工程建设项目的单位和成员进行约束,减少和消除在实施过程中所有行为的随意性和盲目性,从而避免错误或不良后果的产生,确保在工程建设项目整个过程中各种建设活动和行为的合法性和科学性,最终达到正确而理想的目标。

2000 年国家出台了 GB 50319—2000《建设工程监理规范》。此后,各相关行业行政主管部门和地方建设主管部门相继制定了工程建设监理制度,规范监理工作。工程建设监理正逐步按照守法、诚信、公正、科学的准则发展。

这里可以将综合布线工程监理[①]的主要职责归纳为:受建设单位(业主)委托,对项目建设的全过程实施专业化监督管理,包括质量控制、进度控制、投资控制,合同管理和信息管理以及协调有关单位间的工作关系。为此,可将综合布线工程监理的职责概括总结为"三控制、二管理、一协调"。

5.1.2 综合布线工程监理的服务范围

建设工作监理工作的基本服务范围[②]主要集中于工程管理、工程质量控制、工程进度控制、工程造价控制四个方面。

---

① 综合布线工程监理必须是在综合布线工程建设相关行政法规和技术标准的前提下,综合运用法律、经济、行政、技术标准和有关政策,约束建设行为的随意性和盲目性,以此对综合布线工程建设项目进行投资、质量、进度、目标等方面有效的控制,进而更好的达到维护建设单位和施工单位双方的合法权益,实现合同签订的要求及建设项目最佳综合效益的目的。

② 监理的服务范围是指工程的实施阶段和规模容量,具体指的是在工程的实施阶段和工程的规模容量内监理单位应做的具体工作。

（1）工程管理方面

①对建设单位签订的各个合同的履约情况和风险情况进行详细分析，同时，还需要对合同履行过程中可能出现的问题或纠纷进行充分预测。

②对建设单位履行合同的情况进行关注，并做到发现问题随时进行提醒或协助。

③在建设单位的授权下，对工程建设的开工、停工和复工情况进行指挥。

④公正处理承建商提出的索赔问题。

⑤组织召开工程协调会，对有关各方的关系，公正调解合同争议协调。

⑥对工程进行质量控制和验收。

⑦对工程进行进度控制和检查。

⑧对工程进行计量、支付的审查。

⑨将各个阶段的专项报告和工程监理总结报告及时提交有关部门。

⑩对承建商提交的竣工资料和结算文件进行审核。

⑪监理记录，受理工程监理档案也是整个监理工作中必不可少的一个重要环节。

（2）工程质量控制方面

①对承建商的质量管理体系和进场工具设备进行检查。

②对分包单位的资质进行审查。

③对承建商提交的施工组织设计、技术方案进行审查。

④工程所用材料、半成品、构件和设备的数量和质量、出厂产品合格证进行检查，必要时还会对现场进行测试，并做好测试记录签证。

⑤对工程中的各种材料配合比的准确程度进行现场检查。

⑥测量放样工序进行审查，并检查和复核现场放样。

⑦对施工工艺过程进行控制，对工程工序质量进行验收。

⑧对工程的所有隐蔽工程及时进行验收，并办理签证手续。

（3）工程进度控制方面

①对承建商报送的各种进度计划，包括总体、分项进度计划、季进度计划、月进度计划、周进度计划等进行审查、确认。

②对工程进度进行定期检查，对比进度计划分析原因。

③对实际情况进行分析，并提出相应的进度控制措施。

（4）工程造价控制方面

①对实际完成工程量进行计量。

②对工程计量进行计价。

③对工程付款申请进行审核，并重点审核工程进度。

④确定工程变更的价款。严格审核工程变更方案是否合理，依据是否充分，图纸是否与实际相符，预算表格各项数据、统计计算是否正确等。

5.2　监理机构

项目监理机构是监理单位对项目实施监理的全权代表，由总监、总监代表、专业监理工程师和监理员等组成，他们有明确的职责分工，组织运转科学有效。监理任务完成后监理机构撤销。

5.2.1　项目监理机构的行为规范

项目监理机构的行为规范如下：

①项目监理机构应坚持实事求是原则，对于机构人员的状况以及可能影响服务质量的因素及时向建设单位报告。

②项目监理机构必须坚持原则，抓好关键点，采取动态与静态相结合的控制方法，以确保工程的顺利完工。

③对于参与工程建设的各单位之间的关系，项目监理机构必须予以理顺。此外，项目监理机构还应在授权范围内独立开展工作，科学管理，既要确保建设单位的利益，又要维护承建商的合法

权益。

④项目监理机构中的监理人员不得经营或参与该工程承包施工、设备材料采购或经营销售业务等有关活动,也不得在政府部门、承包单位、设备供应单位任职或兼职。

⑤项目监理机构必须廉洁自律,严禁行贿受贿。不得让承包单位管吃管住。严禁监理机构、建设单位或承包单位串通、弄虚作假,在工程上使用不符合设计要求的器材和设备,降低工程质量。

⑥项目监理机构不得聘用不合格的监理人员承担监理业务。

5.2.2 项目监理机构中的人员职责

项目监理机构中的职位划分有:总监理工程师、监理工程师、监理人员等。其对应的主要职责如下:

(1)总监理工程师

由监理单位制定总监理工程师人选,总监理工程师的主要职责在于:对施工中各方面的关系进行协调,积极组织监理工作,定期对监理工作的进展情况进行检查,任命、委派监理工程师;负责审查施工方提供的需求分析、系统分析、网络设计等重要文档,提出改进意见;负责解决双方重大争议、纠纷,协调双方关系,针对施工中的重大失误签署返工令。

(2)监理工程师

监理工程师接受总监理工程师的领导,完成具体的监理工作。监理工程师的主要职责在于:负责审核施工方需要按照合同提交的网络工程、软件文档;对施工方工程进度与计划的吻合度进行检查;解决双方争议;针对施工中的问题进行检查和督导。

(3)监理人员

监理员人选由总监理工程师确定,负责具体的监理工作,负责具体硬件设备验收、具体布线、网络施工监督,向专业监理工程师汇报,并且于每个监理日编写监理日志向监理工程师汇报。

5.3　监理的目标及作用

5.3.1　工程监理的目标

工程建设监理是一项按照行政法规（如监理法规和合同法等）和各种制度（如财务制度）进行监督管理的综合性的管理业务。工程建设监理的工作内容包含经济（如工程概预算定额和各种费率）和技术（如各种设计和施工技术标准及规范）两方面监督管理，其工作性质涉及咨询、顾问、监督、管理、协调、服务等多种业务。它们之间错综复杂、互相渗透、不易分割。

一个工程建设项目在实施过程中，要严格要求工程建设监理单位和从事这项工作的管理人员，依据工程建设行政法规、经济指标和技术标准以及有关规定，综合运用法律、经济、行政、技术各个方面的规定要求以及相关政策，减少和消除在实施过程中所有行为的随意性和盲目性，以免造成错误或不良后果，从而得到正确而理想的目标。

工程建设监理的全面要求是对工程建设项目的投资、质量和进度等目标进行切实有效的控制和管理，要求参与工程建设项目的各方共同实现合同的约定，这就是具体实现工程建设项目最佳的综合效益，也是最终的目的。

5.3.2　工程监理的作用

在通信工程（包括综合布线系统工程）中，工程建设监理制对于确保工程质量、控制工程造价、加快建设工期以及在协调参与各方的权益关系上都发挥了重要的作用，可见，实施工程建设监理制是势在必行，而且是一项重要的关键性举措。

实施工程建设监理制具有以下作用和效果：

①全面提高工程建设项目的整体质量，确保各项工程建设项目都能正常运行，为国家增加各项效益和增强综合国力创造有力的物质基础。

②提高基本建设领域中的工作效率，缩短工程建设周期，加快和促进建设进度，形成平稳而高速发展的态势。

③充分发挥各方面的潜力，共同采取切实有效的措施，全面控制工程建设投资，在保证工程质量和工程进度的前提下，节约工程建设费用。

④由于工程建设监理单位和人员直接参与工程建设监督管理，有利于精简建设单位的组织机构和减少管理人员。

⑤引入工程建设监理的先进管理体制，不仅提高我国工程建设事业的管理水平，也有利于尽快与国际惯例接轨，且可参与国际市场竞争。

5.4 监理阶段及工作内容

综合布线工程的施工监理可分为三个阶段：施工准备阶段监理、施工阶段监理、工程保修阶段监理。

5.4.1 施工准备阶段监理

在工程开始前，作为工程监理人员，首先必须对自己的职责有所了解，对设计方案和合同文件做到心中有数，必要时还必须到施工现场进行复查，核对施工图纸与实际工程之间是否存在差错。施工前主要的监理工作可以总结为：

①对开工报告进行审查。

②保证第一次工地会顺利召开。

③对整个工程进度计划、审查施工组织设计方案进行审批。

④对承包单位的质量保证体系和施工安全保证体系进行审查。

⑤对进场的设备和材料进行检验。

⑥对承包单位的保险及担保,签发预付款支付凭证等进行检查。

⑦对承包单位的资质进行审查。

⑧对施工现场技术、管理环境进行检查。

⑨组织建设单位、设计单位、承包单位、监理单位共同参与设计交底工作。

5.4.2　施工阶段的监理

(1)环境检查

施工环境是工程施工的外在条件,其是否合格直接关系到工程的顺利进行。因此,施工前环境检查是的工程的重要一环,其主要工作包括:

①对楼层工作区、配线间、设备间的土建工程的竣工情况进行检查。

②对建筑物内预留地槽、暗管、孔洞的位置、数量、尺寸设计进行检查。

③对楼层配线间和设备间提供的可靠的施工电源和接地装置进行检查。

④对楼层配线间和设备间的面积、环境温度、湿度等进行检查。

(2)器材检查

器材是工程顺利进行的辅助工具,因此除环境检查外,对施工前承包单位的器材检查给予确认也是非常重要的。对施工单位所用器材进行检查的主要项目为:

①对工程所用机架和线缆器材外观、规格、数量、质量进行检查,是否有出厂检验证明材料或与设计不符的情况,所有检查必

须记录,严禁不合格产品进场。

②对线缆的电气性能进行检查。主要检验近端串扰、综合近端串扰、回波损耗、衰减等电气性能参数。

③对光缆进行光纤衰减测试,检查是否应符合出厂测试数值报告。

(3)设备安装检查

设备安装检查属于随工检查。检查的主要项目有:

①设备机架和信息插座的规格和外观与设计要求符合的情况。

②机柜和安装件的油漆脱落现象。

③配线设备、信息插座外观等。

④各种螺丝的松紧度,采取防震加固措施是否合理,安装是否符合工艺要求等。

⑤线缆及器材的屏蔽层连接的可靠性。

(4)电缆和光缆的布放检查

电缆和光缆的布放检查属于随工检查及隐蔽工程签证。其检查的主要项目有:

①电缆桥架及槽道安装位置、安装工艺要求、接地设计要求进行检查。

②线缆布放的路由和位置、布放缆线工艺要求进行检查。

③对隐蔽工程进行验收。

(5)电缆和光缆终端检查

对电缆和光缆终端的检查属于随工检查,其检查主要是针对信息插座、接线模块、光纤插座、各类跳线和接插件的接触情况、接线错误、标志齐全、安装的工艺要求进行检查。

(6)工程电气测试

工程电气测试属于随工检查。其主要检查的项目包括:

①线缆、信息插座及接线模块。

②连接图、长度、衰减、近端串扰等规定的测试内容。

③系统接地的设计要求。

（7）工程总验收

工程总验收是工程竣工后进行的检查，其主要进行的验收检查项目有：

①完成竣工技术文件的清点和交接工作。

②对工程质量进行考核。

③对验收成果进行确认。

5.4.3   保修阶段的监理

保修阶段监理的重点主要是工程竣工验收的监理工作，监理的内容包括竣工验收的范围和依据、竣工验收要求、竣工验收程序及内容、竣工验收的组织以及竣工文件的归档。

5.5   监理大纲、监理规划和监理细则

5.5.1   监理大纲

监理大纲[①]是监理投标书的组成部分。

监理大纲的主要作用是为监理单位经营目标服务，承揽监理任务。

监理大纲的内容可总结为：

①标明监理单位拟派往从事项目监理的主要监理人员及其资质情况。

②在对工程信息有初步掌握的情况下，由监理单位制定监理方案。

---

①   监理大纲又称监理方案，是监理单位在监理投标阶段编制的，用于获得监理任务的项目监理方案性文件。

③明确将定期向业主提供的反映监理阶段成果的文件等。

5.5.2　监理规划

与监理大纲类似,监理规划①也是围绕着整个项目监理组织所开展的监理工作来编写的,但是就其内容而言,但监理规划的要比监理大纲更全面、更翔实。

1. 监理规划的编制程序与依据

收到委托监理合同和设计文件后,在总监理工程师主持下,由专业监理工程师共同参与编制监理规划。完成监理规划的编制后,须交由监理单位技术负责人进行审核批准,在召开第一次工地会议前,必须监理单位负责人递交建设单位。

监理规划应由监理单位负责人在遵守相关法律、法规的基础上,依据项目审批文件及与项目有关的标准规范、设计文件、技术资料、合同文件来进行编制。

2. 监理规划应包括的主要内容

①工程项目概况:工程建设主要内容、工期(开、竣工日期)、设计单位和施工单位。

②监理工作范围:工程建设主要内容的施工阶段监理。

③监理工作内容。

④监理工作目标:在总工期内根据建设单位要求进行调整。

·质量控制目标:依据监理合同的要求和施工合同有关质量的规定,将工程设计文件以及相关技术规范、操作规程和验收标准作为本工程的质量控制目标。

·进度控制目标:施工合同中确定的日期为工程进度控制总

---

①　监理规划是在监理委托合同签订后,在监理大纲的基础上,结合具体项目情况,在充分收集工程信息的情况下制定的,用于指导整个项目组织开展监理工作的技术组织文件。

目标。

　　·投资控制目标：按施工合同控制价款，以项目总价款为投资控制目标。若因设计变更，政策性调价按实调整的，一般按合同总价增加 5％的预备费作为投资控制的目标。

　　⑤监理工作依据。监理工作依据以下文件。

　　·建设工程监理规范 GB 50319—2000。

　　·通信工程施工监理暂行规定，原邮电部(1994)75 号文。

　　·经有关部门批准的工程项目文件和设计文件。

　　·建设单位与承建单位签订的工程建设施工合同。

　　·建设单位与供货单位签订的工程器材、设备采购合同。

　　·建设单位和监理单位签订的工程建设监理合同。

　　·专业相关技术标准、规范、文件。

　　⑥项目监理机构的组织形式：明确组织机构和组成成员资料，如在××设立本工程现场监理部：项目总监×××(电话×××××)，总监助理××(电话×××××)，下设两个监理组：监理一组组长×××，监理二组组长×××。

　　⑦项目监理机构的人员配备计划：组织机构及监理人员配置表。

　　⑧项目监理机构的人员岗位职责：总监、总监助理、专业监理工程师、监理员等人的职责。

　　⑨监理工作程序：包括主要材料工地接货验收流程图、工序交接检验流程图、设计变更流程图和施工索赔流程图等。

　　⑩监理工作方法及措施：工程项目目标控制，主要是进度、质量、投资的控制和协调管理。

　　⑪监理工作制度。

　　⑫监理设施：明确配备的车辆和其他器具。

　　在监理工作实施过程中，如发生重大变化，需要对监理规划进行调整时，应交由总监理工程师组织专业监理工程师进行研究修改，修改后的监理规划再按原申报程序申报，批准后报建设单位实施。

5.5.3 监理细则

监理实施细则是针对具体情况制定的更具有实施性和可操作性的业务文件,主要用于指导监理工作。按监理规范中对本专业项目的要求,进行分解细化,使其更加具有操作性。

①质量控制实施细则。具体阐明适用范围、编制依据、控制要点、控制程序、资料管理、有关附录等。

②进度控制实施细则。施工组织设计及工程进度计划审查,控制点,控制措施,周、月度计划,协调会议等。

③投资控制实施细则。涉及工程款支付、合同外费用增加、合同变更、索赔处理、竣工决算、工程结算等各个细节的控制。

5.6 监理总结

监理总结应由总监理工程师组织编写,签认后报单位技术总负责人审定。监理总结应在工程初验通过后开始编写,在工程竣工验收前报送业主验收组。

监理总结的主要内容如下:

①工程概况。

②监理组织和监理设施。

③监理合同履行情况。

④监理工作成效。

⑤监理工作的经验、教训和建议。

⑥工程遗留问题处理意见。

⑦工程投资情况。

⑧工程总体评价。

⑨工程照片(有必要时附)。

5.7　监理方法

在工程实施中,监理工程师应经常对承包单位的技术操作工序进行巡视或对操作进行面对面、不间断地监督。工程实施中常用的监理方法有旁站、巡视、见证和平行检验。

1. 旁站

在工程施工过程中,涉及一些关键部位或关键工序时,必须由监理人员亲临现场进行监督活动,监理人员这一监督行为称为旁站。通常,旁站主要涉及以下几个关键要素:

①为保证工程的顺利进行,而对工程施工过程中的关键部位或关键工序所采取的符合相应规范的监督行为。

②是监理人员亲临施工现场进行监督的活动。

③是一个监督活动,且是间断的。

④可以通过目视,也可以通过仪器进行。

2. 巡视

对一般的施工工序或施工操作,采取巡视监督检查手段是比较常见。巡视监督检查通常是为了更好地了解施工现场的具体情况。采取巡视监督检查手段时,要求项目监理机构必须每天对施工现场进行巡视。

3. 见证

见证是监理人员现场监理工作的一种方式,即由监理人员现场对承包单位实施某一工序或进行某项工作进行监督。通常在质量的检查工作、工序验收、工程计量以及有关按合同实施人工工日、施工机械台班计量等监理工作中比较适用。

采取见证监理时,应由项目监理机构在项目监理规划中事先确定见证工作的内容和项目,并提前通知承包单位。在具体实施见证监理工作时,应由承包单位应主动将见证的内容、时间和地点通知项目监理机构。

4.平行检验

平行检验通常是由独立于承包单位之外的项目监理机构,利用自有的试验设备或委托具有试验资质的实验室来对一些重要的检验或试验项目所进行的检验或试验。

5.8 监理实施过程

综合布线工程监理实施步骤主要分为施工图设计会审,施工组织设计审批,分包单位资格审批,开工报告审批,开工指令签发,进场器材、设备检测,隐蔽工程随工签证,监理例会,重大工程质量事故调查,设计变更签证,工程款支付签证,工程索赔签证,工程验收,工程结算审核制度,工程保修等。

1.施工图设计会审

①审查《施工图设计》的设计深度能否指导施工;审查主要电气指标和技术标准是否明确;审查设计说明与施工图纸是否相符;审查施工图纸是否齐全、有否差错、矛盾;审查设计预算所列主要器材、设备数量是否与设计说明、施工图纸相符,是否有重列或漏项。

②设计会审前,由总监理工程师组织监理人员对设计中存在的问题、错误提出建议,并整理成文字材料报送业主。

③施工图设计会审会议由业主主持,业主、设计、施工、监理单位的工程主管和相关人员参加。

④由业主或监理负责对会审形成的《会审纪要》进行整理、打印,盖章后分发有关各方。

⑤为保证工程进度，在《会审纪要》上应明确设计单位供图时限。

⑥《会审纪要》作为设计的补充或修改，在施工、监理中应严格执行。

2.施工组织设计审批

施工单位应于开工前 7 天填写《施工组织设计报审表》，并将"施工组织设计"报送监理单位。总监理工程师组织监理工程师进行审查①。

3.分包单位资格审批

在实施工程分包时，对应分包单位的资质也是需要提前考察的，其必须符合有关规定并能够满足施工的需要。此外，在具体实施工程分包前，还应征得业主的同意，并由总包单位依据施工合同的相关规定，填写一份《分包单位资格报审表》，总监理工程师《分包单位资格报审表》予以确认。

一旦签订分包合同完成后，还应由总包单位准备《分包合同》副本一份，报监理备案。

4.开工报告审批

项目开工前，应事先由施工单位填写《开工申请报告》，然后将填写的报告分别递交理单位、业主。该申请报告中需要注明项目有：

①开工准备情况。

_____

① 具体审查的项目如下：①"施工组织设计"的工期、进度计划、质量目标是否与施工合同、设计文件相一致。②施工方案、施工工艺是否符合设计文件具体要求。③施工技术力量、人员是否满足工程进度计划的要求。④施工机具、仪表、车辆配备是否满足所承担施工任务的需要。⑤质量管理、技术管理体系是否健全，相应措施是否具有可行性和针对性。⑥安全、环保、消防和文明施工措施是否具有可行并符合有关规定。

②当前存在的问题。

③提前或延期开工的原因。

接到施工单位递送的《开工申请报告》后，首先由监理单位对施工单位当前是否具备开工条件的情况进行审查。倘若此时施工单位已经基本具备了开工条件，则由监理单位会同业主共同签发一份《开工指令》；倘若当前施工单位的某项条件尚未达到标准，则应由监理单位协调相关单位对其进行处理，帮助施工单位尽快具备开工条件。

5.进场器材、设备检测

对于所有进场的器材、设备，应由监理和施工单位进行清点检测，并填写《器材、设备报验申请表》。对于进口器材、设备，应首先由供货单位报送进口商检证明文件，然后按事先约定的事项，会同业主、施工、供货、监理单位共同进行联合检查。检验不合格的器材、设备，严禁运进工地。

6.工序报验与隐蔽工程随工签证

一道工序完成后，首先由施工单位组织自行进行检查，通过自检后，填写相应的《工序报验单》，然后通知监理人员到现场会同检验，只有经监理人员检验合格并签证后，才允许进入下道工序。通信管道、线路工程的工序繁多，但最关键的工序有以下几个：挖沟、布管、试通、回填、路面恢复、光(电)缆单盘检测、缆线布放、接头、成端等。

7.监理例会

由总监理工程师根据工程进展需要，召集业主、施工单位(必要时请设计单位)等举行监理例会，对当前工程进展情况，以及可能存在的各种问题，如技术方面、经济方面、质量方面、进度方面等问题进行协调，并根据具体的问题给出详细的解决办法与建议，最后整理形成《会议纪要》。

通常,每周由监理工程师选定一个固定的日期召开现场监理例会,对《会议纪要》的执行情况进行检查,商讨当前待解决的问题,安排下一步实施计划。

8. 重大工程质量事故调查

对于施工过程中出现的重大工程质量事故,施工单位应在事故发生 24h 内将《重大工程质量事故报告表》递交送业主和监理。总监理工程师或专业监理工程师负责对该质量事故进行调查,在对质量事故的原因进行分析的基础上,找出责任方(人),并提出该质量事故的处理建议,同时编写一份《质量事故调查报告》报送业主。

9. 设计变更、洽商单签证

由于多种原因,施工、设计、业主都有可能提出设计变更,设计变更是不可避免的,无论是哪一方提出的变更请求,均应按《设计变更程序》的具体流程办理,经施工、设计、监理、业主四方洽商签证后,方可执行。

10. 工程款支付签证

在确定工程进度的基础上,由监理对施工单位完成的实物工作量进行核定,然后按施工合同条款开具工程进度款拨付证明。

11. 工程索赔签证

由于非施工单位的原因,造成工期延误、返工或自然灾害等损失,监理单位应对施工单位提出的索赔费用清单进行核定。

12. 工程验收

待每个单项工程完工后,由施工单位来整理编制竣工文件,并填写《完工报验单》,报监理工程师,由其组织进行工程预验。通过工程预验,再由监理工程师给出该单项工程都否预验合格或不合格的结论。只有经预验合格后的工程项目才可通知业主验收;如果经预验,发现工程不符合要求,则需要限令施工单位对不合格部分进行整改。

总监理工程师、专业监理工程师参加业主组织的单项工程验收,由总监理工程师或监理工程师签认工程交接、验收文件,并在工程验收后(一般在 15 天内),向业主提交《监理报告》。

13.工程结算审核

监理单位依据施工合同、设计文件、《设计会审纪要》、竣工资料、设计变更签证、概预算规定等,对施工单位提交的《工程结算》进行审核,将审核意见以书面形式提交给业主。

14.工程保修

在工程项目的保修期内,如果出现工程质量问题,则交由监理单位对施工单位的维修工程量进行监理,并见证造成该维修工程量的责任方。

参考文献

[1]黎连业.网络综合布线系统与施工技术[M].北京:机械工业出版社,2007.

[2]吴达金.综合布线系统工程安装施工手册[M].北京:中国电力出版社,2007.

[3]杨国庆.网络通信与综合布线技术[M].天津:天津大学出版社,2008.

[4]刘天华,孙阳,黄淑伟.网络系统集成与综合布线[M].北京:人民邮电出版社,2008.

[5]李银玲.网络工程规划与设计[M].北京:人民邮电出版社,2012.

［6］褚建立.网络综合布线实用技术［M］.北京:清华大学出版社,2014.

［7］刘化君.综合布线系统［M］.北京:机械工业出版社,2014.

第6章　网络综合布线系统的测试与验收

　　综合布线工程实施完成后,需要对布线工程进行全面的测试工作,确认系统的施工是否达到了工程设计方案的要求。综合布线工程测试作为工程竣工验收的主要环节,是鉴定综合布线工程各建设环节质量的手段。

6.1　综合布线系统测试概述

6.1.1　测试的内容

布线工程测试内容主要包括:
(1)工作间到电信间的连通状况测试。
(2)主干线连通状况测试。
(3)双绞线测试。
(4)大对数电缆测试。
(5)跳线测试。
(6)光纤测试。
(7)信息传输速率、衰减、距离、接线图、近端串扰等。

6.1.2　测试的标准

　　目前,常用的测试标准为美国国家标准协会 EIA/TIA 制定的 TSB/TIA-568A 等。为了能够更好地满足用户的需求,EIA 制定了 EIA 586 和 TSB-67 标准。该标准能够更便捷地应用于已经安装好的双绞线连接网络,并提供一个用于认证双绞线电缆是否达到五类线所要求的标准。当确定电缆布线满足新的标准后,用户就可以对他们现在的布线系统能否支持未来的高速网络(100Mbps)进行通信了。

　　随着超五类、六类标准的制定和推广范围的扩大,EIA 568 和 TSB-67 标准也开始提供超五类、六类系统的测试标准。对网络电缆和不同标准所要求的测试参数如表 6-1、表 6-2、表 6-3 所示。

表 6-1　网络电缆及其对应标准

电缆类型	网络类型	标准
UTP	令牌环 4Mbit/s	IEEE 802.5 for 4Mbit/s
UTP	令牌环 16Mbit/s	IEEE 802.5 for 16Mbit/s
UTP	以太网	IEEE 802.3 for 10Base-T
RG58/RG58 Foam	以太网	IEEE 802.3 for 10Base 2
RG58	以太网	IEEE 802.3 for 10Base 5
UTP	快速以太网	IEEE 802.12
UTP	快速以太网	IEEE 802.3 for 10Base-T
UTP	快速以太网	IEEE 802.3 for 10Base-T4
URP	三、四、五类电缆现场认证	TIA 568、TSB-67

表 6-2　不同标准所要求的测试参数

测试标准	接线图	电阻	长度	特性阻抗	近端串扰	衰减
EIA/TIA 568A、TSB-67	*		*		*	
10Base-T	*		*	*	*	*
10Base 2			*	*	*	
10Base 5			*		*	

测试标准	接线图	电阻	长度	特性阻抗	近端串扰	衰减
IEEE 802.5 for 4Mbit/s	*		*	*	*	*
IEEE 802.5 for 16Mbit/s	*		*	*		*
100Base-T	*		*	*	*	*
IEEE 802.12 100Base-VG	*		*	*	*	*

表 6-3　电缆级别与应用标准

级别	频率	量程应用
3	1~16MHz	IEEE 802.5Mbit/s 令牌环
		IEEE 802.3 for 10Base-T
		IEEE 802.12 100Base-VG
		IEEE 802.3 for 10Base-T4 以太网
		ATM 51.84/25.92/12.96Mbit/s
4	1~20MHz	IEEE 802.5 16Mbit/s
5	1~100MHz	IEEE 802.3 100Base-T 快速以太网、ATM 155Mbit/s
6	200MHz	IEEE 802.3u 1000Base-吉比特以太网
7*	600MHz	

注：* 表示国际标准化组织还没有通过正式标准

6.1.3　双绞线测试

1.测试模式

国家标准 GB 50312—2007 中的综合布线系统工程电气测试方法指出,超 5 类和 6 类布线系统的测试按照永久链路和信道进行。

（1）永久链路

永久链路又称固定链路（链路连接如图 6-1 所示），其比较适合用来测试固定链路（水平电缆及相关连接器件）的性能。在国际标准化组织 ISO/IEC 所制定的超 5 类、6 类标准及 TIA/EIA 568-B 中新的测试定义中，定义了永久链路测试方式，它将代替基本链路方式。

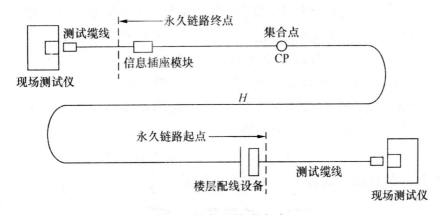

图 6-1　永久链路方式

（2）信道模式

基于永久链路连接模型可建立信道连接模式。信道模式包括工作区和电信间的设备电缆和跳线在内的整体信道性能。信道连接如图 6-2 所示。

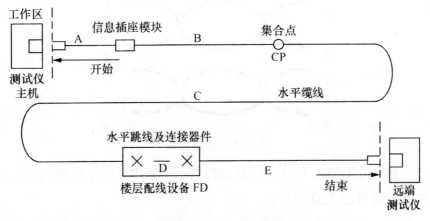

图 6-2　信道模式

2.测试内容

综合布线国家验收标准 GB 50312—2007 指出,3 类、5 类双绞线链路的测试内容包括接线图、衰减、长度和近端串音 4 项。超 5 类和 6 类双绞线还应增加回波损耗、插入损耗、近端串音功率和、线对与线对之间的衰减串音比、线对与线对之间的衰减串音比功率和、线对与线对之间等电平远端串音、等电平远端串音功率和、直流环路电阻、传播时延、传播时延偏差等参数。

(1)3 类、5 类双绞线永久链路/信道测试

①接线图的测试。接线图常被用来测试水平电缆终接在工作区或电信间配线设备的 8 位模块式通用插座的安装连接是否正确。图 6-3 给出了其正确的连接模式,其中正确的线对组合为:1/2、3/6、4/5、7/8,这些组合可分为非屏蔽和屏蔽两类,对于非RJ-45 的连接方式按相关规定列出结果。

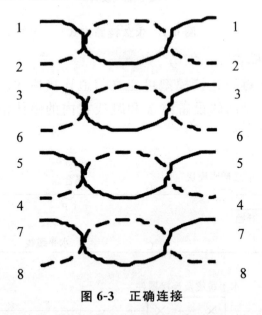

图 6-3　正确连接

如图 6-4 所示为反向线对,即将同一线对的线序接反,通常是在打线时粗心大意所致。

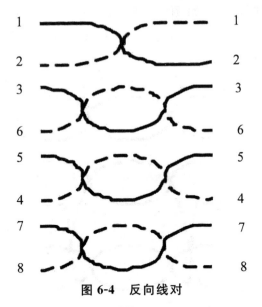

图 6-4　反向线对

　　交叉线对,同一对线在两端针位接反,如图 6-5 所示。这种状况最有可能是在施工之初没有定好使用的标准所致,比如一端使用 TIA568A 线序标准,另一端使用 TIA586B 线序标准,也有可能是由于每个人的习惯不同所致。

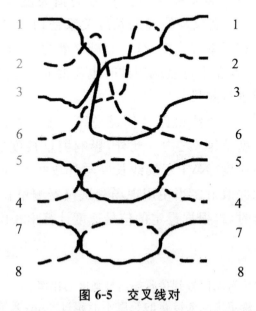

图 6-5　交叉线对

　　串对,将原来的两对线分别拆开而又重新组成新的线对(没有按标准排列线对），如图 6-6 所示。串对的端对端连通性是好的，所以用万用表之类的工具检查不出来，必须用专业的电缆测试仪器才能检测出来。

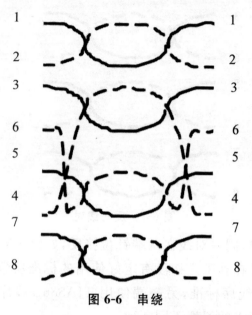

图 6-6　串绕

②衰减测试。衰减是沿链路信号的损失度量，通常用单位 dB（分贝）表示[①]。衰减与线缆的长度关系密切，长度增加必然导致信号衰减。在频率发生变化时，衰减必然也会随之发生相应的变化，这就意味着在进行衰减测试时也需要对在应用范围内全部频率上的衰减进行测量。

③长度测试。布线链路及信道缆线长度应在测试连接图所要求的极限长度范围[②]之内。此外，影响测量长度的因素包括线缆的额定传输速度（NVP）、绞线长度与外皮护套的长度，以及沿长度方向的脉冲散射。当使用现场测试仪器测量长度时，通常测量的是时间延时，再根据设定的信号速度计算出长度值。

---

①　表示源传送端信号到接收端信号强度的比率。

②　在标准规定中永久链路的长度不能超过 90m，通道的长度不能超过 100m。

④近端串音测试。3 类和 5 类水平链路及信道的测试项目和性能指标应符合表 6-4 和表 6-5 的要求(测试条件为环境温度 20℃)。

表 6-4　3 类水平链路及信道的测试项目和性能指标

频率/MHz	基本链路性能指标		信道性能指标	
	近端串音/dB	衰减/dB	近端串音/dB	衰减/dB
1.00	40.1	3.2	39.1	4.2
4.00	30.7	6.1	29.3	7.3
8.00	25.9	8.8	24.3	10.2
10.00	24.3	10.0	22.7	11.5
16.00	21.0	13.2	19.3	14.9
长度/m	94		100	

表 6-5　5 类水平链路及信道的测试项目和性能指标

频率/MHz	基本链路性能指标		信道性能指标	
	近端串音/dB	衰减/dB	近端串音/dB	衰减/dB
1.00	60.0	2.1	60.0	2.5
4.00	51.8	4.0	50.6	4.5
8.00	47.1	5.7	45.6	6.3
10.00	45.5	6.3	44.0	7.0
16.00	42.3	8.2	40.6	9.2
20.00	40.7	9.2	39.0	10.3
25.00	39.1	10.3	37.4	11.4
31.25	37.6	11.5	35.7	12.8
62.50	32.7	16.7	30.6	18.5
100.00	29.3	21.6	27.1	24.0
长度(m)	94		100	

（2）超 5 类、6 类和 7 类信道测试、永久链路或 CP 链路测试

①插入损耗。布线系统信道、永久链路或 CP 链路每一线对的插入损耗（IL）值应符合规定，具体可参考表 6-6 所示的关键频率插入损耗建议值。

表 6-6　永久链路或 CP 链路、信道插入损耗建议值

频率 /MHz	永久链路或 CP 链路最大插入损耗			信道最大插入损耗/dB		
	D 级	E 级	F 级	D 级	E 级	F 级
1	4.0	4.0	4.0	4.0	4.0	4.0
16	7.7	7.1	6.9	9.1	8.3	8.1
100	20.4	18.5	17.7	24.0	21.7	20.8
250		30.7	28.8		35.9	33.8
600			46.6			54.6

②回波损耗。造成回波损耗（RL）的主要原因是水平线缆本身存在产品质量问题或是在施工中线缆遭到损伤。回波损耗测试只在布线系统中的 C、D、E、F 级采用，信道、永久链路或 CP 链路的每一线对和布线的两端均应符合回波损耗值的要求，具体可参考表 6-7 所示的关键频率回波损耗建议值。

表 6-7　永久链路或 CP 链路、信道回波损耗建议值

频率 /MHz	永久链路或 CP 链路最小回波损耗/dB			信道最小回波损耗/dB		
	D 级	E 级	F 级	D 级	E 级	F 级
1	19.0	21.0	21.0	17.0	19.0	19.0
16	19.0	20.0	20.0	17.0	18.0	18.0
100	12.0	14.0	14.0	10.0	12.0	12.0
250		10.0	10.0		8.0	8.0
600			10.0			8.0

③近端串音。布线系统信道、永久链路或 CP 链路每一线对和布线两端的近端串音值应符合规定,具体可参考表 6-8 所示的关键频率建议值。

表 6-8　永久链路或 CP 链路、信道回近端耗建议值

频率/MHz	永久链路或 CP 链路最小 NEXT/dB			信道最小 NEXT/dB		
	D 级	E 级	F 级	D 级	E 级	F 级
1	60.0	65.0	65.0	60.0	65.0	65.0
16	45.2	54.6	65.0	43.6	53.2	65.0
100	32.3	41.8	65.0	30.1	39.9	62.9
250		35.3	60.4		33.1	56.9
600			54.7			51.2

④线对与线对之间的衰减串音比。仅适用于布线系统的 D、E、F 级。布线系统永久链路或 CP 链路、信道每一线对和布线两端的衰减串音比(ACR)值可用以下计算公式进行计算,并可参考表 6-9 所示的关键频率 ACR 建议值。

线对 i 与线对 k 间 ACR 值的计算公式为

$$ACR_{ik} = NEXT_{ik} - IL_k$$

式中,i——线对号;

k——线对号;

$NEXT_{ik}$——线对 i 与线对 k 间的近端串音;

IL_k——线对 k 的插入损耗。

表 6-9　永久链路或 CP 链路、通信 ACR 建议值

频率/MHz	永久链路或 CP 链路最小 ACR/dB			信道最小 ACR/dB		
	D 级	E 级	F 级	D 级	E 级	F 级
1	56.0	61.0	61.0	56.0	61.0	61.0
16	37.5	47.5	58.1	34.5	44.9	56.9

频率 /MHz	永久链路或 CP 链路最小 ACR/dB			信道最小 ACR/dB		
	D 级	E 级	F 级	D 级	E 级	F 级
100	11.9	23.3	47.3	6.1	18.2	42.1
250		4.7	31.6		−2.8	23.1
600			8.1			−3.4

⑤近端串音功率和。在布线系统信道、永久链路或 CP 链路的两端,线对与线对之间的近端串音值均应符合规定,并可参考表 6-10 所示的关键频率近端串音功率和(PS NEXT)建议值。

表 6-10　永久链路或 CP 链路、通信 PSNEXT 建议值

频率 /MHz	永久链路或 CP 链路 最小 PSNEXT/dB			信道最小 PSNEXT/dB		
	D 级	E 级	F 级	D 级	E 级	F 级
1	57.0	62.0	62.0	57.0	62.0	62.0
16	42.2	52.2	62.0	40.6	50.6	62.0
100	29.3	39.3	62.0	27.1	37.1	59.9
250		32.7	57.4		30.2	53.9
600			51.7			48.2

⑥ACR 功率和。ACR 功率和(PS ACR)为近端串音功率和与插入损耗之间的差值,永久链路或 CP 链路、信道的每一线对和布线的两端均应符合要求。布线系统信道的 PS ACR 值可用以下公式进行计算,并可参考表 6-11 所示的关键频率 PS ACR 建议值。

线对 kACR 功率和的计算公式为

$$PS\ ACRk - PS\ NEXTk - ILk$$

式中,k——线对号;

PS NEXTt——线对 k 的近端串音功率和；

ILk——线对 k 的插入损耗。

表 6-11　永久链路或 CP 链路、信道 PSACR 建议值

频率/MHz	永久链路或 CP 链路最小 PS ACR/dB			信道最小 PS ACR/dB		
	D 级	E 级	F 级	D 级	E 级	F 级
1	53.0	58.0	58.0	53.0	58.0	58.0
16	34.5	45.1	55.1	31.5	42.3	53.9
100	8.9	20.8	44.3	3.1	15.4	39.1
250		2.0	28.6		−5.8	20.1
600			5.1			−6.4

⑦传播时延。布线系统永久链路或 CP 链路、信道每一线对的传播时延应符合规定，并可参考表 6-12 所示的关键频率建议值。

表 6-12　永久链路或 CP 链路、信道传播时延建议值

频率/MHz	永久链路或 CP 链路最大传播时延/μs			信道最大传播时延/μs		
	D 级	E 级	F 级	D 级	E 级	F 级
1	0.521	0.521	0.521	0.580	0.580	0.580
16	0.496	0.496	0.496	0.553	0.553	0.553
100	0.491	0.491	0.491	0.548	0.548	0.548
250		0.490	0.490		0.546	0.546
600			0.489			0.545

⑧等电平远端串音。该测试只应用于布线系统的 D、E、F 级。布线系统永久链路或 CP 链路、信道每一线对的等电平远端串音（ELFEXT）值应符合规定，并可参考表 6-13 所示的关键频率

建议值。

表 6-13　永久链路或 CP 链路、信道 ELFEXT/dB 建议值

频率 /MHz	永久链路或 CP 链路 最小 ELFEXT/dB			信道最小 ELFEXT/dB		
	D 级	E 级	F 级	D 级	E 级	F 级
1	58.6	64.2	65.0	57.4	63.3	65.0
16	34.5	40.1	59.3	33.3	39.2	57.5
100	18.6	24.2	46.0	17.4	23.3	44.4
250		16.2	39.2		15.3	37.8
600			32.6			31.3

⑨等电平远端串音功率和。布线系统永久链路或 CP 链路、信道每一线对的等电平远端串音功率和(PS ELFEXT)数值应符合规定,并可参考表 6-14 所示的关键频率 PS ELFEXT 建议值。

表 6-14　永久链路或 CP 链路、信道 PS ELFEXT 建议值

频率 /MHz	永久链路或 CP 链路 最小 PS ELFEXT/dB			信道最小 PS ELFEXT/dB		
	D 级	E 级	F 级	D 级	E 级	F 级
1	55.6	61.2	62.0	54.4	60.3	62.0
16	31.5	37.1	56.3	30.3	36.2	54.5
100	15.6	21.2	43.0	14.4	20.3	41.4
250		13.2	36.2		12.3	34.8
600			29.6			28.3

⑩传播时延偏差。布线系统永久链路或 CP 链路、信道每一线对的传播时延偏差应符合规定,并可参考表 6-15 所示的关键频率建议值。

表 6-15　永久链路或 CP 链路、信道传播时延偏差

级别	频率/MHz	信道 最大时延偏差/μs	永久链路或 CP 链路		
			最大时延偏差/μs		建议值/μs
D	14≤f≤100	0.050	$(L/100)\times 0.045+n\times 0.00125$		0.044
E	1≤f<250	0.050	$(L/100)\times 0.045+n\times 0.00125$		0.044
F	1≤f<600	0.030	$(L/100)\times 0.025+n\times 0.00125$		0.026

3.双绞线认证测试报告

综合布线工程双绞线电气测试项目应根据布线信道或链路的设计等级和布线系统的类别要求制定。各项测试结果应有详细记录,作为竣工资料的一部分纳入文档管理。测试记录内容和形式宜符合表 6-16 的要求。

表 6-16　综合布线系统双绞线性能指标测试记录

工程项目名称									
序号	编号			内容					备注
				电缆系统					
	地址号	缆线号	设备号	长度	接线图	衰减	近端串音	电缆屏蔽层连通情况	其他项目
测试日期、人员及测试仪表型号测试仪表精度									
处理情况									

6.1.4 光纤测试

由于铜缆中传输的是电信号,而光纤中传输的是光信号,所以其测试方法和测试参数都不相同。但是无论是电信号还是光信号,插入损耗、回波损耗等都是影响网络性能的主要因素。

1. 光缆性能参数汇总

衰减是光纤中光功率减少的一种度量,它取决于光纤的波长、类型和长度,并受测量条件的影响。

光纤衰减的定义为:在波长处,光通过一段光纤上相距为 L 的两个横截面 1 和 2 之间的光功率差。其计算公式如下:

$$A(\lambda) = 10 \lg \frac{P_1(\lambda)}{P_2(\lambda)} (dB)$$

式中,$P_1(\lambda)$——在波长时,λ 通过横截面 1 的光功率;

$P_2(\lambda)$——在波长时,λ 通过横截面 2 的光功率。

对于均匀光纤,单位长度的衰减为:

$$\alpha(\lambda) = \frac{A(\lambda)}{L}$$

$$= \frac{10}{L} \lg$$

$$= \frac{P_1(\lambda)}{P_2(\lambda)} (dB/km)$$

式中,L——光纤的长度,单位为 km;

$\alpha(\lambda)$——在波长 λ 处的衰减常数。

ANSI/TIA/EIA 568C 中定义了光缆布线链路的最大衰减值以及其他参数。除此之外,光缆性能参数还有光回波损耗、最大传输延迟、长度和插入损耗等。光回波损耗又称反射损耗,它是指在光纤连接处,后向反射光相对输入光的比率的 dB 数。回波损耗越大越好,以减少反射光对光源和系统的影响。

长度即光线缆的长度,依据出厂厂商标出的位置尺寸计算或由测试仪测试。

最大传输延迟是光纤链路中从光发射器到光接收器之间的传输时间。

光插入损耗是光纤链路中的各段光纤、光链路器件的损耗（包括预留裕量）之综合（dB 值），即向一个链路发射的光功率和这个链路的另一端接收光功率的差值。

2. 光缆测试方法

（1）单跳线法

单跳线法，即用单根跳线对参考值进行设定的方法。完成参考值设定后，即可加入被测光纤链路中。需要注意的是，采用单跳线法时还需要添加另外一根测试跳线 CD。由此测出的光纤链路损耗值可记为：

$$L = L_{BX} + L_{XY} + L_{YC} + L_{CD}$$

为了保证测试结果的正确性，在选用 CD 时，也应该保证 CD 是一根已知的、低损耗的测试跳线，即 L_{CD} 通常对测试结果的影响很小。

上述方法也被称为"方法 B"，该测试方法的结果最为精确，是 TIA/EIA568-B.1 标准首选的方法，也是 ISO/IEC 11801 标准中第二推荐的方法。但是这种方法只适用于测量与光功率计端口采用相同类型的光纤链路。

（2）双跳线法

双跳线法最初被提出的主要目的是为了克服单跳线法中测试链路连接器类型必须与光功率计端口模块相同的缺陷，如图 6-7 所示。采用双跳线法只要测试跳线的 B 和 C 连接器类型，保证其与被测链路 X、Y 相同即可，这在一定程度上增加了测试的灵活性。

这种方法由两根跳线 AB 和 CD 以及一个连接器来设置参考值，完成设置之后将 B 和 C 的连接打开，分别与被测链路（黄色）两端的连接器 X 和 Y 相连。这样，测试出的光纤链路损耗数值

$$L=L_{BX}+L_{XY}+L_{YC}-L_{CD}$$

在北美地区,双跳线方法是一种应用较普遍的方法,又被称为"方法 A",这种方法并没有出现在 ISO 11801 标准中。

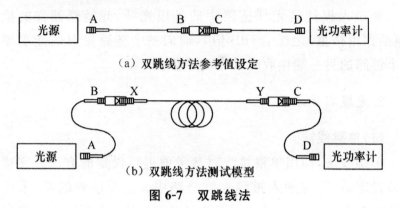

（a）双跳线方法参考值设定

（b）双跳线方法测试模型

图 6-7　双跳线法

（3）三跳线法

三跳线法又被称为"修正的方法 B",由于在单跳线方法中,被测链路连接器与功率计端口必须一致的缺陷,为了改良单跳线的这一缺陷,三跳线法被提出来了。除上述优势外,采用三跳线法还可以有效避免双跳线方法中测试结果少计算一个连接器损耗的情况出现。如图 6-8 所示。

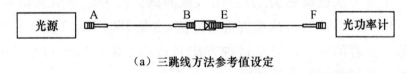

（a）三跳线方法参考值设定

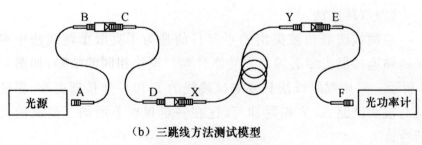

（b）三跳线方法测试模型

图 6-8　三跳线方法

三跳线方法设置参考值的模型的方法双跳线相同,但是三跳线方法在测试时还需要增加了一个连接器和一根测试跳线 CD。

由此不难得出,三跳线方法测量得到的光纤链路损耗数值为

$$L = L_{DX} + L_{XY} + (L_{BC} - L_{BE}) + L_{CD}$$

这里添加的测试跳线 CD 要求尽量短,以减少对测试结果的影响。如泛达公司为用户提供的测试跳线仅为 0.125m。这样测试结果中 LCD 的影响基本可以忽略不计。

(4)"黄金"跳线测试方法

采用"黄金"跳线方法在设置参考值时通常使用 3 根跳线,然后用需要测试的光纤链路 XY 取代跳线 CD,如图 6-9 所示。由此不难看出,这里所使用 CD 应该是一根尽可能短的跳线,尤其当 XY 的距离比较短的时候。泛达公司推荐的 CD 跳线使用长度为 0.125m。这样归零后,基本可以忽略 CD 跳线的损耗。

(a)"黄金"跳线方法参考值设定

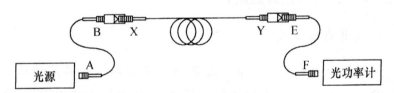

(b)"黄金"跳线方法测试模型

图 6-9　"黄金"跳线测试方法

在上述所有方法中,"黄金"跳线方法是其中最灵活的,也是变化性最强的方法。使用"黄金"跳线测试方法在测试时可以不受光功率计端口类型的限制。

"黄金"跳线测试方法又被称为"方法 C",它是 ISO/IEC 11801 标准中首选的测试方法,但是这种方法并未出现在 TIA/EIA 568-B.1 标准中。这种方法测量得到的光纤链路损耗值为

$$L = L_{BX} + L_{XY} + L_{YE} - (L_{BC} + L_{DE} + L_{CD})$$

6.1.5 网络布线测试方式

连接故障和电器故障是两种常见的网络电缆故障。其中,比较常见的连接故障多半是来自于施工工艺或对网络线缆的意外损伤;电器故障则是线缆在信号传输过程中达不到设计要求而造成的。

国际标准中将布线标准分为两类:元件标准和链路标准。由于最终用户需要达到的是标准的链路,因此常以链路标准来完成布线工程的测试,对全部采用合格产品的布线工程,仍然需要进行认证测试。这种测试就是业界常说的"布线现场认证测试"。我国网络工程界基本上采用基本链路的测试方法。

1. 基本连接方式

基本链路进行测试较常用于对布线系统中固定链路部分的测试。由于布线承包商通常只负责这部分的链路安装,因此基本链路①又被称为承包商链路。

2. 通道连接方式

通道链路又称用户链路,较常用来对端到端的链路整体性能进行测试。通道链路通常包括最长 90m 的水平布线电缆、一个工作区附近的转接点、在配线架上的两处连接总长不超过 10m 的连接线和配线架跳线。

基本连接方式和通道连接方式所适用的范围是不同的,涉及的具体指标也不同。通常,电缆安装公司对所安装的电缆进行认证测试常使用基本连接方式;而通道连接更适用于网络安装公司的网络最终用户,以对整个网络负责,对网络设备间的整个电缆部分进行认证测试。

---

① 基本链路包括最长 90m 的水平电缆,两端可分别有一个连接点以及用于测试两条各 2m 长的连接线。

在综合布线系统工程进行测试时,还必须注意测试环境、温度、湿度等影响因素。无论是基本连接方式还是通道连接方式,TSB-67 都规定了在测试中必须对仪器和电缆的连接部分进行补偿,将它们的影响排除。TSB-67 标准不仅对测试标准给出了相应规定,对现场的测试仪器也给出了具体的指标。仪器所要达到的精度分成一级精度和二级精度两类,只有符合二级精度的仪器才能达到最高的测试认证。

此外,在测试中还必须保证测试环境没有产生严重电火花的电焊、电钻和产生强磁干扰的设备作业,被测试的布线系统必须是无源网络,测试时应断开与之相连的所有有源和无源通信设备。

6.2　网络布线性能指标要求

6.2.1　双绞线参数汇总

(1)回波损耗

回波损耗(RL)又称为反射损耗,是由链路或信道特性阻抗偏离标准值导致功率反射引起的。减少回波损耗的关键在于保证施工质量。由于回波损耗可能引入信号的波动,致使返回信号被认为是受到的信号而产生混乱。

回波损耗只在布线系统中的 C、D、E、F 级采用,在布线的两端均应符合回波损耗值的要求,布线系统信道的最小回波损耗值应符合表 6-17 中的规定。

表 6-17　信道回波损耗值

频率 /MHz	最小回波损耗/dB			
	C 级	D 级	E 级	F 级
1	15.0	17.0	19.0	19.0

频率 /MHz	最小回波损耗/dB			
	C 级	D 级	E 级	F 级
16	15.0	17.0	18.0	18.0
100		10.0	12.0	12.0
250			8.0	8.0
600				8.0

（2）插入损耗

插入损耗（IL）也称衰减，是指发射机与接收机之间插入电缆或元器件产生的信号损耗。衰减是信号沿链路传输损失的能量，由绝缘损耗、阻抗不匹配、连接电阻等因素导致。插入损耗以接收信号电平的对应分贝（dB）来表示。一般地，布线系统信道的插入损耗值应符合表 6-18 中的规定。

表 6-18　信道插入损耗值

频率 /MHz	最大插入损耗/dB					
	A 级	B 级	C 级	D 级	E 级	F 级
0.1	16.0	5.5				
1		5.8	4.2	4.0	4.0	4.0
16			14.4	9.1	8.3	8.1
100				24.0	21.7	20.8
250					35.9	33.8
600						54.6

（3）近端串音

近端串音（NEXT）也称近端串扰，是指在与发送端处于同一边的接收端所感应到的从发送线对感应过来的串扰信号。在所有的网络运行特性中，串扰值对网络的性能影响最大。当串扰信号过大时,接收器将无法判断信号是远端传送来的微弱信号还是串扰杂讯。

　　线对与线对之间的近端串音在布线的两端均应符合 NEXT 值的要求,布线系统信道的近端串音值应符合表 6-19 中的规定。

表 6-19　信道近端串音值

频率 /MHz	最小近端串音/dB					
	A 级	B 级	C 级	D 级	E 级	F 级
0.1	27.0	40.0				
1		25.0	39.1	60.0	65.0	65.0
16			19.4	43.6	53.2	65.0
100				30.1	39.9	62.9
250					33.1	56.9
600						51.2

　　(4)近端串音功率和

　　近端串音功率和(PS NEXT)是指在 4 对对绞电缆一侧测量 3 个相邻对对某线对近端串扰的总和。近端串音功率和只应用于布线系统的 D、E、F 级,在布线的两端均应符合 PS NEXT 值要求,布线系统信道的 PS NEXT 值应符合表 6-20 中的规定。

表 6-20　信道近端串音功率和值

频率 /MHz	最小近端串音功率和值/dB		
	D 级	E 级	F 级
1	57.0	62.0	62.0
16	40.6	50.6	62.0
100	27.1	37.1	59.9
250		30.2	53.9
600			48.2

（5）衰减串音比

衰减串音比（ACR）也称近端串扰与衰减差，是指在受相邻发送信号线对串扰的线对上，其串扰损耗（NEXT）与本线对传输信号衰减值（A）的差值。ACR＝0 表示在该线对上传输的信号被噪声淹没。ACR 值是 NEXT 与插入损耗分贝值之间的差值，应符合表 6-21 中的规定。

表 6-21 信道衰减串音比值

频率 /MHz	最小衰减串音比/dB		
	D 级	E 级	F 级
1	56.0	61.0	61.0
16	34.5	44.9	56.9
100	6.1	18.2	42.1
250		−2.8	23.1
600			−3.4

（6）ACR 功率和

ACR 功率和（PS ACR）为近端串音功率和值与插入损耗值之间的差值。布线信道的 PS ACR 值应符合表 6-22 中的规定。

表 6-22 信道 ACR 功率和值

频率 /MHz	最小衰减串音比/dB		
	D 级	E 级	F 级
1	53.0	58.0	58
16	31.5	42.3	53.9
100	3.1	15.4	39.1
250		−5.8	20.1
600			−6.4

（7）等电平远端串音

等电平远端串音（PSFEXT）是指电缆内除本线对外，其他线对干扰本系统的远端串音功率和，即某线对上远端串扰损耗与该线路传输信号衰减的差值。布线系统信道的数字应符合表 6-23 中规定。

表 6-23　信道等电平远端串音值

频率 /MHz	最小等电平远端串音/dB		
	D 级	E 级	F 级
1	57.4	63.3	62.0
16	33.3	39.2	57.5
100	17.4	23.3	44.4
250		15.3	37.8
600			31.3

（8）综合等电平远端串音

综合等电平远端串音（PSELFEXT）也称远端串扰，是指能量被耦合到与传输信号线对相邻线对远端的能量耦合，即在 4 对对绞电缆一侧测量 3 个相邻线对对某线对远端串扰总和。布线系统永久链路最小 PSELFEXT 值应符合表 6-24 中的规定。

表 6-24　永久链路的最小 PSELFEXT 值

频率 /MHz	最小等电平远端串音/dB		
	D 级	E 级	F 级
1	55.6	61.2	62.0
16	31.5	37.2	56.3
100	15.6	21.2	43.0
250		13.2	36.2
600			29.6

（9）直流环路电阻

直流环路电阻又称特性阻抗（Characteristic Impedance, CI），是电缆无限长时该电缆所具有的阻抗。布线系统信道的直流环路电阻应符合表 6-25 中的规定。

表 6-25　信道直流环路电阻

最大直流环路电阻/Ω					
A 级	B 级	C 级	D 级	E 级	F 级
560	170	40	25	25	25

（10）传播时延

传播时延（Propagation Delay & Delay Skew）也称传输延迟和延迟偏差，是指信号从链路或信道一端传播到另一端所需的时间。一个电缆线对的延迟决定于线对的长度、缠绕率和电特性。布线系统信道的传播时延应符合表 6-26 中的规定。

表 6-26　信道传播时延

频率 /MHz	最大传播时延/μs					
	A 级	B 级	C 级	D 级	E 级	F 级
0.1	20.000	5.000				
1		5.000	0.580	0.580	0.580	0.580
16			0.553	0.553	0.553	0.553
100				0.548	0.548	0.548
250					0.546	0.546
600						0.545

传播时延偏差是指最快线对与最慢线对信号传播时延的差值，即以统一缆线中信号传播时延最小的线对作为参考，其余线对与参考线对的时延差值。布线系统信道的传播时延偏差应符合表 6-27 中的规定。

表 6-27　信道传播时延偏差

等级	频率 f/MHz	最大时延偏差	等级	频率 f/MHz	最大时延偏差
A	$f=0.1$		D	$1{\leqslant}f{\leqslant}100$	0.050
B	$0.1{\leqslant}f{\leqslant}1$		E	$14{\leqslant}f{\leqslant}250$	0.050
C	$1{\leqslant}f{\leqslant}16$	0.050	F	$14{\leqslant}f<600$	0.030

(11)非平衡衰减

一个信道的非平衡衰减纵向对差分转换损耗(LCL)或横向转换损耗(TCL)应符合表 6-28 中的规定。在布线的两端均应符合不平衡衰减的要求。

表 6-28　信道非平衡衰减

等级	频率 f/MHz	最大不平衡衰减/dB
A	$f=0.1$	30
B	$f=0.1$ 和 1	在 0.1MHz 时为 45；1MHz 时为 20
C	$1{\leqslant}f<16$	$30{\sim}5\lg(f)$ f. f. S.
D	$1{\leqslant}f{\leqslant}100$	$40{\sim}10\lg(f)$ f. f. S.
E	$1{\leqslant}f{\leqslant}250$	$40{\sim}10\lg(f)$ f. f. S.
F	$1{\leqslant}f{\leqslant}600$	$40{\sim}10\lg(f)$ f. f. S.

6.2.2　信道电缆导体指标

对于信道的电缆导体的指标要求应符合以下规定：

①信道中的每一线对的两个导体间的不平衡直流电阻对各等级布线系统不应超过 3%。

②不同温度,布线系统 D、E、F 级信道线对每一导体的最低传送直流电流应为 0.175A。

③不同温度,布线系统 D、E、F 级信道的任何导体间应支持

72V 直流工作电压,每一线对的输入功率应为 100W。

6.2.3 永久链路指标参数

综合布线系统设计中,永久链路的各项指标参数值应符合如下相关规定。

(1)最小回波损耗值

布线系统永久链路的最小回波损耗值应符合表 6-29 中的规定。

表 6-29 永久链路最小回波损耗值

频率 /MHz	最小回波损耗/dB			
	C 级	D 级	E 级	F 级
1	15.0	19.0	21.0	21.0
16	15.0	19.0	20.0	20.0
100		12.0	14.0	14.0
250			10.0	10.0
600				10.0

(2)最大插入损耗值

布线系统永久链路的最大插入损耗值应符合表 6-30 中的规定。

表 6-30 永久链路最大插入损耗值

频率 /MHz	最大插入损耗/dB					
	A 级	B 级	C 级	D 级	E 级	F 级
0.1	16.0	5.5				
1		5.8	4.0	4.0	4.0	4.0
16			12.2	7.7	7.1	6.9

续表

频率 /MHz	最大插入损耗/dB					
	A 级	B 级	C 级	D 级	E 级	F 级
100				20.4	18.5	17.7
250					30.7	28.8
600						46.6

（3）最小近端串音值

布线系统永久链路的最小近端串音值应符合表 6-31 中的规定。

表 6-31　永久链路最小近端串音值

频率 /MHz	最大插入损耗/dB					
	A 级	B 级	C 级	D 级	E 级	F 级
0.1	27.0	40.0				
1		25.0	40.1	60.0	65.0	65.0
16			21.1	45.2	54.6	65.0
100				32.3	41.8	65.0
250					35.3	60.4
600						54.7

（4）最小近端串音功率和值

布线永久链路的最小近端串音功率和值应符合表 6-32 中的规定。

表 6-32　永久链路最小近端串音功率和值

频率 /MHz	最小 PSNEXT/dB		
	D 级	E 级	F 级
1	57.0	62.0	62.0

续表

频率 /MHz	最小 PSNEXT/dB		
	D 级	E 级	F 级
16	42.2	52.2	62.0
100	29.3	39.3	62.0
250		32.7	57.4
600			51.7

(5)最小 ACR

布线系统永久链路的最小 ACR 值应符合表 6-33 中的规定。

表 6-33　永久链路最小 ACR 值

频率 /MHz	最小 ACR 值		
	D 级	E 级	F 级
1	56.0	61.0	61.0
16	37.5	47.5	58.1
100	11.9	23.3	47.3
250		4.7	31.6
600			8.1

(6)最小 PSACR 值

布线系统永久链路的最小 PSACR 值应符合表 6-34 中的规定。

表 6-34　永久链路的最小 PSACR 值

频率 /MHz	最小 PSACR 值		
	D 级	E 级	F 级
1	53.0	58.0	58.0
16	34.5	45.1	55.1

续表

频率 /MHz	最小 PSACR 值		
	D 级	E 级	F 级
100	8.9	20.8	44.3
250		2.0	28.6
600			5.1

（7）最小等电平远端串音值

布线系统永久链路的最小等电平远端串音值应符合表 6-35 中的规定。

表 6-35　永久链路最小等电平远端串音值

频率 /MHz	最小 ELFEXT/dB		
	D 级	E 级	F 级
1	58.6	64.2	65.0
16	34.5	40.1	59.3
100	18.6	24.2	46.0
250		16.2	39.2
600			32.6

（8）最小 PSELFEXT 值

布线永久链路的最小·PSELFEXT 值应符合表 6-36 中的规定。

表 6-36　永久链路最小 PSELFEXT 值

频率 /MHz	最小 PSELFEXT 值/dB		
	D 级	E 级	F 级
1	55.6	61.2	62.0
16	31.5	37.1	56.3

频率 /MHz	最小 PSELFEXT 值/dB		
	D 级	E 级	F 级
100	15.6	21.2	43.0
250		13.2	36.2
600			29.6

(9)最大直流环路电阻

布线系统链路的最大直流环路电阻应符合表 6-37 中的规定。

表 6-37　永久链路最大直流环路电阻

A 级	B 级	C 级	D 级	E 级	F 级
1530	140	34	21	21	21

(10)最大传播时延

表 6-38 给出了布线系统永久链路的最大传播时延。

表 6-38　永久链路最大传播时延值

频率 /MHz	最大传播时延/μs					
	A 级	B 级	C 级	D 级	E 级	F 级
0.1	19.400	4.400				
1		4.400	0.521	0.521	0.521	0.521
16			0.496	0.496	0.496	0.496
100				0.491	0.491	0.491
250					0.490	0.490
600						0.489

(11)最大传播时延偏差

表 6-39 给出了布线系统永久链路的最大传播时延偏差。

表 6-69　永久链路最大传播时延偏差

等级	频率/MHz	最大传播时延偏差/μs
A	−0.1	
B	0.1≤f<1	
C	1≤f<16	0.044
D	1≤f≤100	0.044
E	1≤f≤250	0.044
F	1≤f≤600	0.026

6.2.4　光缆性能参数汇总

（1）光纤信道衰减值

各等级的光纤信道衰减值应符合表 6-40 中的规定。

表 6-40　光纤信道衰减值　　　　　　单位（dB）

信道	多模		单模	
	850nm	1300nm	1310nm	1550nm
OF-300	2.55	1.95	1.80	1.80
OF-500	3.25	2.25	2.00	2.00
OF-2000	8.50	4.50	3.50	3.50

（2）每公里最大衰减值

光缆标称的波长，每千米的最大衰减值应符合表 6-41 中的规定。

表 6-41　光缆每公里最大衰减值　　　　单位：dB/km

项目	OM1、OM2、OM3 多模		OS1 单模	
波长	850nm	1300nm	1310nm	1550nm
衰减	3.5	1.5	1.0	1.0

（3）最小模式带宽

多模光纤的最小模式带宽应符合表 6-42 中的规定。

表 6-42　多模光纤最小模式带宽

光纤类型	波长/nm	最小模式带宽/（MHz·km）	
		过量发射带宽	有效光发射带宽
OM1(50 或 62.5)	850	200	N/A
	1300	N/A	500
OM2(50 或 62.5)	850	500	N/A
	1300	N/A	500
OM3(50)	850	1500	2000
	1300	N/A	500

6.3　网络布线测试工具

要保证测试准确快捷和测试结果的权威性，就必须选择适合用户需求的测试工具。目前，市场上有各种各样的电缆测试仪器，Data Technologies 公司的 LAN Cat V，Fluke 公司的 DSP-100 和 Fluke DSP-4000，Microtest 公司的 Penter Scanner Plus，Scope Communication 公司的 Wirescope-155，Wavetek 公司的 Lantek ProXL 等均是较早就接受 Lucent 贝尔实验室认证的电缆测试仪。

在电缆测试仪厂商中，美国卢克公司的产品市场应用较广，Fluke 公司的 DSP 系列数字式电缆分析仪是目前业界公认的较好的网络电缆测试分析仪器。该仪器采用了 Fluke 专利的数字式电缆测试技术，具有较快的测试速度和较高的测试精度。

（1）Fluke DSP-100 测试仪

采用数字测试技术，能测试包括 UTP、STP 在内的各种电缆,遵从 TIA、IEEE、ISO 等各种测试标准,测试速度快,能测试阻抗、长度、串扰、衰减等多项指标和定位故障,是唯一能全部满足 TIA 568A、TSB-67 标准对 Basic Link 和 Channel 认证级精度要求的测试仪。

(2)Fluke DSP-2000 测试仪

该测试仪采用了专利的数字技术测试电缆,不仅能够完全满足 TSB-67 所要求的二级精度标准,同时还具有了更大的测试和诊断功能。采用 Fluke DSP-FTK 光纤测试套件与 DSP-2000 配套使用,可以实现光纤的安装测试。

(3)Fluke 620 电缆测试仪

它是唯一既不需要远端连接器,也不需要安装人员在电缆另一端提供额外帮助的电缆测试仪。只需要配置一个连接器,就可以证实电缆的接法与接线。

(4)Fluke 67X LAN 测试仪

它是一种专用于计算机局域网安装调试、维护和故障诊断的工具,可以帮助快速查找电缆、网卡、集线器、网桥、路由器、LAN 交换机等网络设备的故障。

(5)Fluke 68X 企业级 LAN 测试仪

该测试仪可专门用于大中型企业网的测试仪器,具有丰富的故障诊断功能。

(6)Fluke DSP-4000 升级版

美国 Fluke 公司的 DSP-4x00 系列产品的最新升级软件版本 3.9/4.9/1.9、数据库版本 5.0 和电缆管理软件(CMS)最新版本 4.8,已经随着六类标准的正式颁布而相续推出。Fluke 公司正式推出永久链路适配器的布线测试解决方案满足了大部分厂商布线产品的兼容性问题,使六类标准的现场测试得到了公认。

同时,这次版本的升级不仅提供了六类标准的最终限值,还引入了 ISO/IEC11801 和 EN50173 标准所描述的 4dB 原则,CMS 软件业相应增加和更新了数据库。升级后的 DSP-4x00 测试仪更能满足用户的使用要求,且其界面也更加友好,不但增加了主机和远端的电量显示,而且还显示了在这样的电量下测试人员可以完成的测试数目。

6.4　验收依据和基本要求

通常,每一个工程项目都要经过立项、设计、施工和验收环节。工程验收是全面考核工程建设工作的,检验设计和建设质量的重要环节,通过验收环节,可以更好地保证工程的质量和速度。在综合布线系统工程中,由于其与土建工程有着密切的联系,又涉及与其他行业间的接口处理,因此其验收涉及的内容有环境、土建、器材、设备、布线、电气等多个方面。

6.4.1　工程验收的依据

综合布线系统工程施工中的主要依据和指导性文件较多,主要依据有国内外有关标准和规范,包括设计、施工及验收等内容;指导性文件或有关文件包括工程设计文件、施工图纸、承包合同和施工操作规程等。

综合布线系统工程的验收依据可总结为以下几项:

①按我国通信行业标准《大楼通信综合布线系统第 1 部分:总规范》(YD/T926.1—2001)中规定的总体网络结构、链路性能要求、屏蔽和接地系统以及管理要求等方面进行验收。

②按《建筑与建筑群综合布线系统工程验收规范》(GB/T50312—2007)的规定执行工程竣工验收项目。

③按《综合布线系统电气特性通用测试方法》(YD/T1013—1999)中的规定执行综合布线系统线缆链路的电气性能验收测试。

除应符合上述规范外,在进行综合布线系统工程验收工作时还应符合我国现行的《本地网通信线路工程验收规范》(YD

5138—2005)、《通信管道工程施工及验收技术规范(修订本)》
(YD5 103—2003)、《电信网光纤数字传输系统工程施工及验收暂
行技术规定》(YDJ4—89)和《市内通信全塑电线线路工程施工及
验收技术规范》(YD 2001—92)等规范中相关的规定。

6.4.2　工程验收基本要求

工程验收,即工程施工的具体情况与设计要求和有关施工规
范是否相符进行检查。此外,整个验收工作还需要由用户确认工
程是否达到了原来的设计目标,质量是否符合要求,原设计中涉
及有关施工规范的地方是否合理。

在工程验收前,由施工单位将与工程竣工技术相关的资料①
移交建设单位。

6.5　验收阶段和内容

《综合布线系统工程验收规范》(GB 50312—2007)规定综
合布线系统工程的验收包括八个方面的主要内容:环境检查;器
材及测试仪表工具检查;设备安装检验;缆线的敷设和保护方式
检验;缆线终接检验;工程电气测试;管理系统验收;工程总验
收。每个验收项目明确了具体的验收内容以及所对应的验收
方式。

---

①　综合布线系统工程的竣工技术资料包括:安装工程量;工程说明;
设备及器件明细表;竣工图纸;测试记录;如果施工方采用了计算机设计、
管理、维护、监测等,还需要向建设单位提供程序清单和用户数据文件,如
磁盘、操作说明等文件;工程变更和检查记录以及在施工过程中需要更改
设计或采取相关措施,由建设、设计、施工单位之间认可的双方洽商记录;
随工验收记录;隐蔽工程签证等。

6.5.1 工程验收阶段

综合布线系统工程的验收涉及整个系统工程,根据施工过程,可以将验收分为三个阶段:随工验收、初步验收、竣工验收。

(1)随工验收①

在工程施工过程中,为考核施工单位的施工水平并保证施工质量,应对所用材料、工程的整体技术指标和质量有一个了解和保障,而且对一些日后无法检验到的工程内容(如隐蔽工程等),在施工过程中应进行部分的验收,并完成日后无法验收的部分工程内容的验收工作,这样可以及早地发现工程质量问题,避免造成人力和物力的大量浪费。

(2)初步验收

所有的新建、扩建和改建项目,都应在完成施工调测之后进行初步验收②。通常,可将初步验收的时间定在原定计划的建设工期内进行。初步验收工作由建设单位组织相关单位(如设计、监理、使用等单位人员)参加其中。初步验收完成后应形成初步验收报告。

(3)竣工验收

综合布线系统施工完成并交付使用半个月内,由建设单位向上级主管部门报送竣工报告(含工程的初步决算及试运行报告),并请示主管部门接到报告后,组织相关部门按竣工验收办法对工程进行验收,竣工验收完成后应形成竣工验收报告。竣工验收的工作主要由现场验收、系统测试和编制竣工文档等环节组成。

①现场验收。验收工作区子系统、水平子系统、主干子系统、设备间子系统、管理子系统和建筑群子系统的施工工艺是否符合

---

① 随工验收应对隐蔽工程部分做到边施工边验收,在竣工验收时,一般不再对隐蔽工程进行。

② 初步验收工作包括检查工程质量,审查竣工资料、问题提出及处理的意见,并组织相关责任单位落实解决。

设计的要求,检查建筑物内的管槽系统的设计和施工是否符合要求,检查综合布线系统的接地和防雷设计、施工是否符合要求。在验收过程发现不符合要求的地方,要进行详细记录,并要求限时进行整改。

②系统测试。遵照综合布线系统的测试标准和规范执行。测试项目要根据系统规定的性能要求而确定。

③工程竣工文档。是建设单位使用、维护、改造和扩建的重要依据,也是对建设项目进行复查的依据。在项目竣工后,项目经理必须按规定向建设单位移交档案资料。竣工文档应包括项目的提出、调研、可行性研究、评估、决策、计划、勘测、设计、施工、测试和竣工的工作中形成的所有文件材料。

6.5.2　工程验收项目及内容

综合布线系统工程验收项目及内容可总结为以下几个方面。

(1)施工前检查

①环境验收(施工前检查)。环境验收是工程施工前重要的环节。环境验收项目包括:地面、墙面、门、电源插座及接地装置;机房面积预留孔洞;施工电源;活动地板敷设等。

②器材验收(施工前检查)。器材验收的项目包括:器材的外观;型号、规格和数量;电缆电气性能抽样测试;光纤特性测试等。

③安全及防火要求是否达标验收(施工前检查)。安全及防火要求是否达标验收的项目包括:消防器材;危险物的堆放;预留孔洞防火措施。

(2)设备安装

①设备机架(柜)的安装验收(随工检验)。安装验收项目包括:设备机架(柜)的规格、类型和外观;油漆脱落程度,标志完整性;螺钉紧固程度;防震措施;接地措施等。

②配线部件及信息插座的安装验收(随工检验)。安装验收项目包括:配线部件及信息插座的规格、位置和质量;螺钉紧固程

度;标志齐全性;与工艺要求相符;可靠连接符合标准。

（3）电缆与光缆布放（楼内）

①电缆桥架及槽道安装验收（随工检验）。电缆桥架及槽道安装验收项目包括:电缆桥架及槽道的安装位置;工艺要求;接地可靠。若为电缆暗敷（包括暗管、线档、地板等方式）,还应进行接地验收,验收方式为隐蔽工程签证。

②线缆布放验收（随工检验）。线缆布放验收项目包括:线缆规格、路由及位置符合布放线缆工艺要求。

（4）电缆与光缆布放（楼外）

①架空线缆验收（随工检验）。架空线缆验收的项目包括:吊线规格、架设位置及装设规格;吊线垂度;线缆规格;卡挂间隔;线缆的引入符合工艺要求。

②管道线缆验收（隐蔽工程签证）。管道线缆验收的项目:管孔孔位;线缆规格;线缆走向;线缆的防护设施的安装质量符合要求。

③埋式线缆验收（隐蔽工程签证）。埋式线缆验收的项目包括:线缆规格;敷设位置和深度;防护设施的安装质量;回土夯实质量符合标准。

④隧道线缆验收（隐蔽工程签证）。隧道线缆验收项目包括:线缆规格;安装位置及路由;土建设计符合工艺要求。

除此之外,通信线路与其他设施的间距;进线室安装及施工质量也是需要关注的工程验收项目,其验收方式为随工检验或隐蔽工程签证。

（5）线缆终端

线缆终端的验收（随工检验）项目包括:信息插座、配线模块、光纤插座以及各类跳线符合工艺要求。

（6）系统测试

①工程电气性能测试。连接图、长度、衰减、近端串绕（两端都应测试）、设计中特殊规定的测试内容。验收方式为竣工检验。

②光纤特性测试。类型（单模或多模）、衰减、反射。验收方

式为竣工检验。

③系统接地。是否符合设计要求。验收方式为竣工检验。

（7）工程总验收

①竣工技术文件。清点、交接技术文件。验收方式为竣工检验。

②工程验收评价。验考核工程质量及确认验收结果。验收方式为竣工检验。

参考文献

［1］黎连业. 网络综合布线系统与施工技术［M］. 第 4 版. 北京：机械工业出版社，2011.

［2］刘天华，孙阳，黄淑伟. 网络系统集成与综合布线［M］. 北京：人民邮电出版社，2008.

［3］雷锐生，潘汉民，程国卿. 综合布线系统方案设计［M］. 西安：西安电子科技大学出版社，2004.

［4］李群明，余雪丽. 网络综合布线. 网络综合布线［M］. 北京：清华大学出版社，2014.

［5］刘天华，孙阳，黄淑伟. 网络系统集成与综合布线［M］. 北京：人民邮电出版社，2008.

［6］梁裕. 网络综合布线设计与施工技术［M］. 北京：电子工业出版社，2011.

［7］刘彦舫，褚建立. 网络综合布线实用技术［M］. 第 2 版. 北京：清华大学出版社，2010.

［8］王勇，刘晓辉. 网络系统集成与工程设计［M］. 第 3 版. 北京：科学出版社，2011.

第7章 网络系统集成工程项目管理

任何工程项目的实施都离不开管理,系统集成是一种占用资金较多、工程周期较长的经营行为,尤其离不开优秀的管理。合理有效的项目管理是确保工程顺利实施和如期交工的重要保证,本章将介绍如何实施网络系统集成工程全过程的项目管理,以及如何应付网络系统集成工程验收与测试等麻烦事。

7.1 网络系统集成工程项目管理基础

7.1.1 网络系统集成工程项目管理概述

1.什么是项目

项目是为了提供某一独特的产品或服务所做的临时性努力。"临时性"是指每一个项都具有明确的开始和结束时间,临时性不一定意味着时间短,许多项目都可能要延续好几年。此外,临时性一般不适用于项目所产生的产品、服务或成果。"独特"是指项目创造的产品或服务与所有其他产品或服务某些方面具有显著的不同。对于很多组织,项目是对在组织的日常运作范围内无法解决的问题的一种应对手段。日常运作和项目两者之间的区分主要在于:日常运作是持续不断和重复进行的,而项目是临时性的,也是独特的。

2. 什么是项目管理

项目管理是一种科学的管理方式,在领导方式上,它强调个人责任,实行项目经理责任制;在管理机构上,它采用临时性动态组织形式,即项目小组;在管理目标上,它坚持效益最优原则下的目标管理;在管理手段上,它有比较完整的技术方法。

对企业来说,项目管理思想可以指导其大部分生产经营活动。例如,市场调查与研究、市场策划与推广、新产品开发、新技术引进和评价、人力资源培训、劳资关系改善、设备改造或技术改造、融资或投资以及网络信息系统建设等,都可以看做是一个具体项目,并采用项目小组的方式完成。

3. 项目管理的精髓——多快好省

通俗地讲,项目就是在一定的资源约束下完成既定目标的一次性任务。这一定义包含 3 层意思——一定资源约束,一定目标,一次性任务;这里的资源包括时间资源、经费资源、人力资源和物质资源。

如果把时间从资源中单列出来,并将它称为"进度",而将其他资源都看做可以通过采购获得并表现为费用或成本,那么我们就可以如此定义项目:在一定的进度和成本约束下,为实现既定的目标并达到一定的质量所进行的一次性工作任务。

一般来讲,目标、成本、进度 3 者是互相制约的,其关系如图7-1 所示。其中,目标可以分为任务范围和质量两个方面。项目管理的目的是谋求(任务)多、(进度)快、(质量)好、(成本)省的有机统一。

通常情况下,对于一个确定的合同项目,其任务的范围是确定的,此时项目管理就演变为在一定的任务范围下如何处理好质量、进度、成本三者的关系。

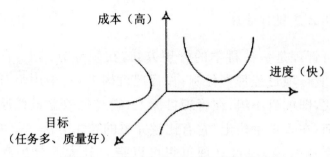

图 7-1 目标、成本、进度 3 者的关系

4.项目管理对网络系统集成工程建设的意义

网络系统建设构成一类项目,因此必须采用项目管理的思想和方法来指导。网络系统集成项目的失败不是没有技术方面的问题,但在绝大多数情况下,最终表现为费用超支和进度拖延。我们不能保证有了项目管理,网络系统建设就一定能成功,但项目管理不当或根本就没有项目管理意识,网络系统建设必然会失败。显然,项目管理是网络系统集成成功的必要条件,而非充要条件。

尽管项目管理失误造成网络系统建设失败的现象在 IT 业中时有发生,但在相当一段时期内却并未受到重视。其原因在于 IT 行业平均利润率尚高于传统行业,因此即使内部存在很大的问题,却仍能赢利,从而造成众多 IT 企业忽视了项目管理的作用。

5.网络系统集成工程项目的特殊性

网络系统集成作为一类项目,具有如下所述的 3 个鲜明特点。

(1)目标不明确、任务边界模糊、质量要求主要是由项目团队定义。

在网络系统集成中,客户常常在项目开始时只有一些初步的功能要求,没有明确的想法,也提不出确切的需求,因此网络系统项目的任务范围在很大程度上取决于项目组所做的系统规划和需求分析。由于客户方对信息技术的各种性能指标并不熟悉,所以,网络系统项目所应达到的质量要求也更多地由项目组定义,客户则担负起审查任务。为了更好地定义或审查网络系统项目的任务范围和质量要求,客户方可以聘请网络系统项目监理或咨询机构来监督项目的实施情况。

(2)客户需求随项目进展而变,导致项目进度、费用等不断变更。

尽管已经根据最初的需求分析报告做好了网络设计方案,也签订了较明确的工程项目合同,然而随着网络系统实施的进展,客户的需求不断被激发,尤其是程序、界面以及相关文档需要经常修改,而且在修改过程中又可能产生新的问题。这些问题很可能经过相当长的时间后才会被发现,这就要求项目经理不断监控和调整项目的计划执行情况。

(3)网络系统集成项目是智力密集、劳动密集型项目,受人力资源影响最大,项目成员的结构、责任心、能力和稳定性对网络系统项目的质量以及是否成功有决定性的影响。

网络系统项目工作的技术性很强,需要大量高强度的脑力劳动,项目施工阶段仍然需要大量的手工或体力劳动。这些劳动十分细致、复杂和容易出错,因而网络系统项目既是智力密集型项目,又是劳动密集型项目。

另外,网络系统集成渗透了人的因素,带有较强的个人风格。若要高质量地完成项目,必须充分发掘项目成员的智力才能和创造精神,不仅要求他们具有一定的技术水平和工作经验,而且还要求他们具有良好的心理素质和责任心。与其他行业相比,在网络系统开发中,人力资源的作用更为突出,必须在人才激励和团队管理问题上给予足够的重视。

由此可见,网络系统项目与其他项目一样,在范围管理、时间管理、成本管理、质量管理、人力资源管理、沟通管理、采购管理、风险管理和综合管理这 9 个领域都需要加强,特别要突出人力资源管理的重要性。

6.网络系统集成工程项目管理软件

随着 IT 行业的发展,IT 行业内的项目拓展和投资比比皆是,网络工程项目管理同样需要拥有与国际接轨的项目管理人才。大部分的 IT 行业项目管理人士正尝试使用项目管理软件对自己的项目进行辅助管理,目前,常见的网络工程项目管理软件有 CA-SuperProiect、Microsoft Prooect、Project Scheduler 几种。

应用项目管理软件管理网络工程项目的优点如下所述。

(1)精确性

应用项目管理软件的一个主要益处是可以大大提高精确性。对于大型项目,人工绘制网络图、计算起止时间和临近资源使用情况是非常困难的。项目管理软件有精确的算法来计算项目信息,并设有大量内部例行程序检查用户的错误。

(2)使用简便

近几年来,项目管理软件的操作使用变得极其简便,稍加训练就可以完全掌握。这一特点,加上价格也能接受,使得利用项目管理软件的用户迅速增加。

(3)处理复杂问题的能力

项目管理软件在处理大型项目的某些方面(特别是数据方面)确实要比人工简便得多。对于只有少数活动的短期项目,人工方法也许行得通,但如果项目有数以千计的活动、上千种资源,要持续几年时间,利用项目管理软件对如此复杂的工作进行协助就显得必不可少了。

(4)可维护性和可更改性

对人工系统进行项目信息的维护和修改通常是很麻烦的。例如,对某个项目的管理没有应用计算机,那么每次发生变化时,项目人员就不得不人工重新设计网络图,重新核算成本。利用项目管理软件,数据资源的任何更改都会自动反映到网络图表、成本表以及资源颁布表等项目文件中。这个功能会经常用到,因为无论你的计划做得多么完善,在过程中都必定会发生一些变化。

7.1.2　网络系统集成工程项目管理的内容

如图 7-2 所示是网络系统集成工程的概要工作分解结构(WBS)。从需求分析、技术方案、系统采购、施工安装、应用开发到培训支持都是工程实施的一般过程,以竞标、人力资源配置管理、费用核算、计划管理、质量控制为主要内容的项目管理活动贯穿网络系统集成工程项目始终,项目管理与工程实施的技术活动相辅相成,共同保障网络系统集成工程项目的成功。

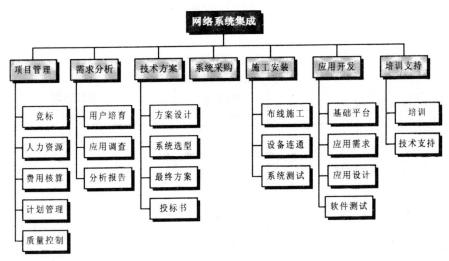

图 7-2　网络系统集成工程的工作分解结构

网络系统集成工程是一项投资较大的计算机网络工程,无论是一个大型系统,还是一个中小型的工程,甚至一个极小工作量的工作包,都可以作为一个完整的项目来进行管理。①

---

①　作为一个项目,都会在任务范围、时间、成本、质量、人力资源、沟通、风险及采购等不同方面受到约束,有的约束在项目开始阶段的重要性比较高,有的约束在项目完成验收阶段的重要性比较高,也有几个方面的约束会贯穿整个项目各个阶段,它们不断循环、相互制约,为能够更好地完成项目提供更为全面的保障。

项目管理的目的在于保证整个网络工程高效、优质地按期完成,确保整个网络系统能满足各单位对网络系统的需求,确保网络集成商可获得自己应有的利润。

7.1.3 建立高效的项目管理团队

建立高效的项目管理团队是项目成功的前提。[①]

1. 项目组织结构类型

项目组织结构类型有许多,常见的有如下 3 种。对于许多跨职能部门的项目,以矩阵型组织机构进行最有效;对于需要进行最严格的资源控制的项目,以项目型组织机构进行最有效。

(1)职能型

职能型项目组织结构如图 7-3 所示。

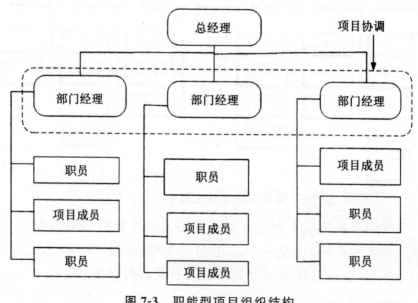

图 7-3 职能型项目组织结构

---

① 项目团队组织结构类型分为垂直方案、水平方案和混合方案。以垂直方案组织的团队由多面手组成,每个成员都充当多重角色。以水平方案组织的团队由专家组成,每个成员充当 1～2 个角色。以混合方案组织的团队既包括多面手,又包括专家。

（2）项目型

项目型项目组织结构如图 7-4 所示。

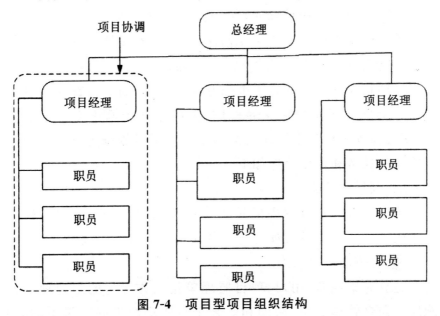

图 7-4　项目型项目组织结构

（3）矩阵型

矩阵型项目组织结构，如图 7-5 所示。

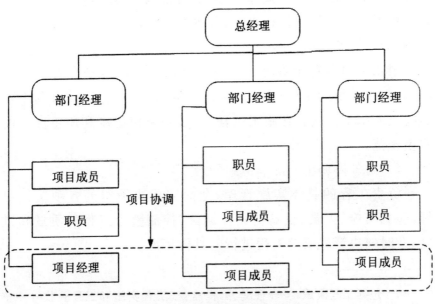

图 7-5　矩阵型项目组织结构

2.建立项目管理团队

在充分明确工程目标的基础上,深入细致而全面地调查与工程相关的所有工程人员的实际情况、与施工有关的一切现场条件及施工材料设备的采购供应状况,以顺利完成工程目标为目的,组织以项目经理为首的若干个强有力、高效率的项目管理小组[①],形成一个相对完善和独立的机体,全面服务于网络系统集成工程,切实保障工程各个具体目标的实现。项目管理团队中几个主要机构的任务和责任分述如下。

(1)领导决策组

确定工程实施过程中的重大决策性问题,如确定工期、制定总体施工规范和质量管理规范以及对甲乙双方的协调等。

(2)总体质量监督组

建立有集成商、用户、项目监理单位三方参与的工程项目实施质量监督管理小组,协助和监督工程管理组把好质量关,管理上直接对决策组负责,人员配备上坚持专家原则、多方原则和最高决策原则。定期召开质量评审会、措施落实会,切实使工程的全过程得到有力的监督和明确、有效的指导。

(3)系统集成执行组

根据工程的实际情况,对工程内容进行分类,划分若干工程小组,每个小组的工作内容应具有一定的相关性,这样有利于形成高效的施工方式。在施工过程中,必须坚持进度和质量保证的双重规范。

(4)对外协调组

负责工程的具体实施管理,全面完成决策组的各项决策目标,包括资金、人员、设备的具体调配;控制整个工程的质量和进度,及时向决策组反馈工程进行的具体情况。

---

① 包括工程决策、工程管理、工程监督、工程实施和工程验收等一整套管理机构。

全面负责整个工程的材料设备的采购供应工作,要事先做好采购供应计划,更重要的是要有极强的适应性,根据工程实施的具体情况,随时调整供应计划,确保工程的顺利进行。

(5)工程管理与评审鉴定小组

负责工程项目进度控制以及技术文档的收集、编写、管理,进行项目进度评估以及验收鉴定的组织和管理等。

7.2　网络系统集成工程全过程的项目管理

7.2.1　项目可行性研究

在一定的组织里,如果没有完成项目可行性研究,一个项目一般不会正式启动[①]。项目可行的标准有两点,首先,要正确认识可行性研究的阶段划分与功能定位;其次,按要求进行可行性研究,正确确定其依据采用科学的方法与先进的技术,建立科学的决策体系和管理机制带。

7.2.2　项目启动阶段

项目启动阶段需要界定工作目标及工作任务并获得老板或高层的支持、组建优秀的项目团队、准备充足的资源、建立良好的沟通以及对客户的积极反应进行适当的监控和反馈。

项目管理最重要、最难做的工作就是界定工作目标及工作任

①　很多公司在进行项目可行性研究时会出现很多问题,如研究深度不够、质量不高,不能满足决策的需要、不重视多方案论证和比较,无法进行优选;调查研究得不够,导致项目投资收益计算失真;可行性研究报告的编制缺乏独立性、公正性和客观性;等等。

务,也就是确定项目任务的范围。①

项目启动还要召开针对客户的项目启动会议,在这个会议上,项目经理会与客户确立正式的交流渠道,进行项目综合描述,让项目参与人员相互了解,建立以项目经理为核心的管理制度。②

7.2.3 项目计划阶段

1. 工作分解

将项目分解为工作分解结构(WBS),通过对项目目的的理解确定工作主要分为哪几个部分,自上而下将大的部分分解成下一个层次的几个小部分,将每个构成要素再分解为子构成要素;逐级完成,直到能够分派作业并监测,同时制定 WBS 词典和 WBS 的编号系统。③

---

① 缺少正确的任务范围定义和核实,是项目失败的主要原因。应该通过和项目干系人在项目要产出什么样的产品方面达成的共识以及产品描述、战略计划、项目选择标准等方面的信息,利用项目选择方法和专家判断输出项目的正式审批文件,也就是项目章程。完成项目章程后,召开项目团队启动会议,建立正式的团队,提供团队成员的角色和职责,提供绩效管理方法,向成员提供项目范围和目标。

② 管理过程中,要建立良好的沟通。这需要项目经理把 75%～90% 的时间花在沟通上。项目经理在沟通时需要用户的参与、老板或高层的支持及明确优先事项和需求的清晰表达。这些也正是项目成功的三大要素。

③ 通过 WBS 的使用,使项目成本可以估算,这是项目各项计划和控制措施编制的基础和主要依据,保证了项目结构的系统性和完整性,可以建立完整的项目保证体系,便于执行和实现目标要求,为建立项目信息沟通系统提供依据,便于把握信息重点,是项目范围变更控制的依据和项目风险管理计划编制的依据。

2.制订项目进度计划

项目进度计划确定了每项活动的开始和完成时间。①

7.2.4　项目控制执行阶段

项目控制执行阶段主要进行进度控制②、成本控制③和质量控制④。

----

①　制订项目进度计划首先要对 WBS 中确定的可交付成果的产生所必须完成的具体活动进行定义,得到活动列表;然后通过前导图法、箭头图法或关键路径法工具和技术将活动顺序进行安排,决定活动之间的逻辑关系;接着利用类比法、专家估计法、基于 WBS 的子活动估计方法或量化估计方法对活动工期进行估算;最后对上面提到的活动定义、活动排序和活动历时估算等数据的获得反复进行改进,制订出适合本项目的进度计划。

②　项目进度控制是依据项目进度计划对项目的实际进展情况进行控制,以使项目能够按时完成。有效的项目进度控制的关键是监控项目的实际进度,及时、定期地将它与计划进度进行比较,并立即采取必要的纠正措施。其内容包括对造成进度变化的因素施加影响,确保得到各方认可;查明进度是否已经发生变化,在实际变更发生时进行管理;和其他控制进程紧密结合,并且贯穿于项目的始终。

③　项目成本控制是指项目组织按照事先拟订的计划和标准,采用各种方法对项目实施过程中发生的各种实际成本与计划成本进行比较、检查、监督、引导和纠正,尽量使项目的实际成本控制在计划和预算范围内的管理过程。项目成本控制以项目各项工作的成本预算、成本基准计划、成本绩效报告、变更申请和项目成本管理计划为依据,以成本变更控制系统、绩效测量、补充计划编制和计算机工具等方法进行。

④　现在很多公司认为其职员应该对质量问题负责,而并不是管理层的责任,这种看法是错误的。全面的质量管理应强调追求顾客满意,注重预防而不是检查;强调管理层对质量的责任以及全员参与,持续改进。质量控制是以工作结果、质量管理计划、操作定义和检测列表为依据,以检验、统计抽样、核对表、排列图、直方图、散点图、控制图、流程图、趋势分析和 66 管理法为工具进行的。

7.2.5 项目收尾阶段

项目结束时,项目经理要将最终系统方案提交给客户,完成项目所有的提交件,收集项目的全部信息并结束项目,完成或终止合约,签署项目结束的相关文件。①

7.3 网络系统集成工程项目监理

网络系统集成工程项目监理作为工程项目质量保证有效协调角色,对项目的成功实施有着不可或缺的重要作用。同时,监理能够有效保障网络系统集成工程建设的质量也已经成为业界的共识。②

7.3.1 网络系统集成工程项目监理的内容

网络系统集成工程项目监理最重要的内容是"三控、三管、一协调",即"质量控制、进度控制、投资控制"以及"合同管理、信息

①　要召开项目完工会议,主要有技术绩效、成本绩效、进度计划绩效、项目计划与控制、项目沟通、识别问题与解决问题、意见和建议 7 大主题。同时也要总结经验教训。项目团队得到客户评价的最好方式,是向客户提供一份项目满意程度调查报告,从客户那里得到最真实的反馈,作为公司项目成功完成的案例证明。

②　国内的网络系统集成工程项目监理尚处在发展阶段。这不仅表现在还有很多网络系统集成工程项目建设没有引入监理机制,即便是由于各种原因引入监理机制的项目,投资方对监理的认识也是一知半解,只有在监理实施过程中,才会对监理有了深入的了解。因此,加强宣传和重点推广对监理和信息化建设尤为重要。

管理、安全与知识产权管理"和"组织协调"。①

7.3.2　如何有效实施项目监理

若想有效地对网络系统集成工程项目实施监理,应做到如下 3 点。

1.对监理机构进行明确甄别

作为网络工程的投资方,首先应考察监理单位的相关资质是否符合要求,看其是否具备承担监理工作的能力,这是最基本的条件,也是选择监理单位的底线;其次是对监理经验的考察,必要的情况下,还可以通过测试手段考量监理机构。

2.要确保监理的有效实施

监理单位必须具备相关的设备资源和行业背景。②

3.关系协调

监理单位作为独立的第三方代表投资方在工程中对系统集成商的工程行为进行监督管理和协助。③

---

①　通过对企业或组织的信息化需求、系统规划、方案设计、工程承建合同及工程建设目标的理解与分析,全面掌握网络信息系统建设特点,形成文件化、规范化的监理实施规划及项目管理过程是监理工作的关键。

②　优秀的监理机构应该具有完善的硬件设备和软件环境、工程检测工具。同时,监理单位应该具有众多领域的专家资源、政府资源、行业资源、媒体资源,为客户提供更加专业、领域化的增值服务。

③　关系协调需要投资方、监理单位和系统集成商三方参与。三方可以约定若干工作模式和工作程序确定三方各自的权责利;同时要充分考虑系统集成商对监理意见的复议问题,三方可协商解决承建单位提出的问题,以保证工程监理工作的正常开展。另外,监理的有效实施还依赖于丰富的监理实践经验。IT 业界监理制度不仅在国际上已经成为网络系统集成工程项目组织管理体系中的重要环节,而且在国内也已经成为进行科学管理、确保建设工程质量的重要手段。

7.4　工程验收与测试

在工程实施过程中,应严格执行分段测试计划,以国际规范为标准,在各阶段的施工完成后,采用专用测试设备进行严格测试,真实、详细、全面地作出分段测试报告及总体质量检测评价报告。最后将信息及时反馈给工程决策组,作为工程的实时控制依据和工程完工后的原始备查资料。

7.4.1　综合布线系统的测试

在布线工程完工后,组织由质量监理机构的专家和甲乙双方的技术专家组成的联合检测组,对申请竣工的工程作出质量抽测计划,采用测试仪器与联机测试的双重标准进行科学的抽样检测,并作出权威性的测试结果和质量评审报告书,以此作为工程验收的质量依据标准,并归入竣工文档资料。

7.4.2　网络设备的清点与验收

1.任务目标

对照设备订货清单清点到货,确保到货设备与订货清单一致。

2.先期准备

由系统集成商负责人员在设备到货前根据订货清单填写《到货设备登记表》的相应栏目,以便于到货时进行核查、清点。《到货设备登记表》仅为方便工作而定,所以不需任何人签字,只需专人保管即可。

3. 开箱检查、清点、验收

一般情况下,设备厂商会提供一份验收单,可以设备厂商的验收单为准。

妥善保存设备随机文档、质保单和说明书,软件和驱动程序应单独存放在安全的地方。

7.4.3 网络系统的初步验收

对网络设备的测试成功标准为:从网络中任选一机器和设备(有 Ping 或 Telnet 的能力),能够 Ping 及 Telnet 通网络中其他任一机器或设备(有 Ping 或 Telnet 的能力)。[1]

7.4.4 网络系统的试运行

从初验结束时刻起,整体网络系统进入为期 3 个月的试运行阶段。整体网络系统在试运行期间不间断地连续运行时间不可少于两个月。试运行由系统集成厂商代表负责,客户和设备厂商密切协调配合。在试运行期间要完成监视系统运行、网络基本应用测试、可靠性测试、下电一重启测试、冗余模块测试、安全性测试、网络负载能力测试和系统最忙时访问能力测试等任务。

---

[1] 由于网内设备较多,不可能逐对进行测试,可采用如下方式进行。

· 在每一个子网中随机选取两台机器或设备. 进行 Ping 和 Telnet 测试。

· 对每一对子网测试连通性,即从两个子网中各选一台机器或设备进行 Ping 和 Telnet 测试。

· 测试中,Ping 测试每次发送数据包不应少于 300 个. Telnet 连通即可,Ping 测试的成功率在局域网内应达到 100%,在广域网内由于线路质量问题,可视具体情况而定,一般不应低于 80%。

· 将测试所得具体数据填入《初步验收测试报告》。

7.4.5　工程文档管理

结合国际质量体系 ISO 9001:2000 工程管理的规范,在工程的实施过程中,文档资料的管理是整个工程项目管理的一个重要的组成部分,必须根据相关的文档资料管理规范进行规范化管理。网络系统集成文档目前在国际上还没有一个标准可依,国内各大网络公司提供的文档内容也不一。样。但网络文档是绝对重要的,它既要作为工程设计实施的技术依据,又要成为工程竣工后的历史资料归档,更要作为整个系统的未来维护、扩展、故障处理工作的客观依据。根据笔者近几年从事网络系统集成工程的实际经验,系统集成项目的文档资料主要包括网络设计文档、网络管理文档、网络布线文档和网络系统文档 4 个方面的内容。如果工程项目包括软件开发项目,还应包括网络应用软件文档。

参考文献

[1]黎连业.网络综合布线系统与施工技术[M].北京:机械工业出版社,2007.

[2]刘天华,孙阳,黄淑伟.网络系统集成与综合布线[M].北京:人民邮电出版社,2008.

[3]李银玲.网络工程规划与设计[M].北京:人民邮电出版社,2012.

[4]褚建立.网络综合布线实用技术[M].北京:清华大学出版社,2014.

[5]郝文化.网络综合布线设计与案例[M].北京:电子工业出版社,2008.

[6]刘化君.计算机网络与通信[M].北京:高等教育出版社,2007.

［7］王勇,刘晓辉.网络系统集成与工程设计［M］.第 3 版.北京:科学出版社,2011.

［8］李群明,余雪丽.网络综合布线［M］.北京:清华大学出版社,2014.

［9］张曝,李军怀,吕林涛,等.计算机网络［M］.西安:西安电子科技大学出版社,2007.